U0183497

普通高等教育新能源类"十四五"精品系列教材

# 5G 及其能源融合赋能

韦国锐　林涛　主编

中国水利水电出版社
www.waterpub.com.cn
·北京·

# 内 容 提 要

本书主要围绕能源电力行业，以新型能源、智能电网及物联网等链条展开。能源与电力行业是典型的信息物理融合系统，通信网络是电力网络的重要组成部分，两个系统的联合贯通，描绘出 5G 技术与行业融合可能带来的巨大变化。全书共 7 章，包括概述、基础通信设备、通信业务网络、5G 通信架构与技术、5G 通信技术赋能、5G 与能源融合赋能、5G 与 6G。

本书适用于高等院校通信与能源相关专业的教师和学生参考使用。

**图书在版编目（ＣＩＰ）数据**

5G及其能源融合赋能 / 韦国锐，林涛主编. -- 北京：
中国水利水电出版社，2023.12
ISBN 978-7-5226-1974-3

Ⅰ．①5… Ⅱ．①韦… ②林… Ⅲ．①第五代移动通信
系统 Ⅳ．①TN929.538

中国国家版本馆CIP数据核字(2023)第226450号

| 书　　名 | **5G 及其能源融合赋能**<br>**5G JI QI NENGYUAN RONGHE FUNENG** |
|---|---|
| 作　　者 | 韦国锐　林涛　主编 |
| 出版发行 | 中国水利水电出版社<br>（北京市海淀区玉渊潭南路 1 号 D 座　100038）<br>网址：www. waterpub. com. cn<br>E - mail：sales@mwr. gov. cn<br>电话：(010) 68545888（营销中心） |
| 经　　售 | 北京科水图书销售有限公司<br>电话：(010) 68545874、63202643<br>全国各地新华书店和相关出版物销售网点 |
| 排　　版 | 中国水利水电出版社微机排版中心 |
| 印　　刷 | 清淞永业（天津）印刷有限公司 |
| 规　　格 | 184mm×260mm　16 开本　8.5 印张　207 千字 |
| 版　　次 | 2023 年 12 月第 1 版　2023 年 12 月第 1 次印刷 |
| 印　　数 | 0001—1000 册 |
| 定　　价 | **69.00 元** |

# 前　言

我们正处在一个高速变革的时代。信息技术、通信技术和数据技术的发展，改变了全人类的工作与生活。在已经到来的新一代 5G 通信时代，凭借"高带宽、低时延、广连接、高可靠"的特点，实现与产业融合赋能，整个社会将发生重大改变。5G 网络以大数据、物联网（ToT）、云计算、边缘计算加人工智能为关键技术特点，助力实现信息化与产业融合赋能，推动我国行业及经济持续发展，可以说 5G 是垂直行业升级发展的引擎。我国在顶层设计中对 5G 给予了极高的重视，积极布局 5G 频谱资源规划，为国内 5G 发展奠定政策基础。

2020 年是 5G 商用元年，预计到 2035 年左右，5G 的使用将达到高峰。5G 将主要应用于以下领域：智能制造、智慧城市、能源与环境、智能电网、智能办公、智慧安保、远程医疗与保健、商业零售。5G 的重要性，不仅体现在对行业升级换代的极大推动上，还与人工智能的下一步发展有直接的关联：人工智能的发展，需要大量的用户案例和数据，5G 物联网能够提供学习的数据量是 4G 根本无法比拟的。因此，5G 物联网对人工智能的发展具有十分重要的推动作用。

本书主要围绕能源电力行业，以新型能源、智能电网及物联网等链条展开。能源电力行业是典型的信息物理融合系统，通信网络是电力网络的重要组成部分，两个系统的联合贯通，描绘出 5G 技术与行业融合可能带来的巨大变化。本书编者既有多年从事通信技术领域的专业人员，可以全面把握移动通信技术基础、技术演变、5G 关键技术的内容及应用案例；又有能源电力行业的专业人员，能够准确把脉行业痛点、分析能源电力行业与 5G 融合的利好与挑战。本书中展示出了学科交叉、技术交叉的特点，内容生动丰富，对于教学需求，对于希望了解 5G 技术、5G 技术与行业融合发展趋势的业界人士，极具参考价值。本书很重要的一个目的，旨在通过能源电力系统、通信和网络技术的交叉，为读者提供一个理解能源电力系统和通信网络技术的途径，从而为人们探索和发现能源电力和信息之间的新型关系提供动力。希望本书的出版能对普及 5G 融合赋能知识，发展 5G 产业赋能起到积极的促进作用。

在本书的编写过程中，编者引用、参考了一些文献资料和图片，特向文献作者和图片拍摄者表示深切的谢意。

衷心感谢为通信与能源发展而努力的人，感谢出版社，感谢全体团队成员，感谢给予支持与帮助的人。本书编写过程中还参考了大量的著作及文献，在此谨向有关作者致谢。

5G 融合赋能是一个新业态，加之编者学识有限，书中难免存在不足或疏漏之处，恳请读者予以指正以便改进。

编者

2023 年 7 月 31 日

# 目　　录

# 第 1 章 概述

信息、物质和能量作为世界的三大要素，其不断迭代将推动人类社会的发展，也促进了信息传递和交换技术的进步。在了解当代通信技术与应用时，需要先从通信技术的发展演变历程、通信技术不同阶段的特点与发展趋势入手。

## 1.1 通信技术简史

在我们的生活中，处处都能够看到通信科学的影子。通信简单来说就是传递信息。如果从科技的角度来说，通信就是人与人之间通过某种行为或者工具进行信息交流。

19 世纪，人类发明了有线电报并建立了电磁波理论，后来在此基础上，贝尔发明了电话，马可尼发明了无线电报，由此开启了使用电磁波进行通信的时代，"通信技术"一词也由此诞生。那么通信技术到底研究的是什么呢？简单来说就是研究如何在更短的时间内传输更多的信息。手机、电脑等这些人们熟悉的电子器材就是一些通信设备，通过这些通信设备，人们不仅可以将信息快速地传达给远方的亲朋好友，还能体验越来越精彩的其他功能。

现在人们使用的通信设备一般都是无线的，比如手机、智能手表等，这些设备之间并没有长长的线路，为什么它们还可以把千里以外的文字、声音、图像等信息传到我们的身边呢？这就是无线电波在其中默默地发挥着作用的缘故。无线电波简单来说就是在自由空间中传播的电磁波，它可以帮助人们运送信息。

手机等设备发送的信息被转换成无线电信号后，将信号以电磁波的方式释放到空中。附近的天线检测到这些信号后，会将这些电磁波全部接收，并将电磁波承载的信息放大、检测，取出有用的信息，然后再发送到接收人的手机等设备上，这就是无线电波传递信息的全过程。

无线电装置由发射器和接收器两部分组成，发射器将需要传递的信息转换成电信号通过无线电波传递出去，接收器则会通过天线或基站接收无线电波，并对电磁波承载的信息进行解码。

手机就是一种无线电收发设备，它的内部装有发射器和接收器，由于手机中的发射器和接收器可以同时运作，所以手机在发送信息的同时还可以接收信息。

自从 1895 年马可尼发明了无线电装置后，人类就逐渐步入无线电时代。目前无线电波除了可以应用于通信之外，在其他方面也得到了很多的应用。比如通过 GPS 定位系统可以进行车辆跟踪，现代快递运输、查找、跟踪都可以利用此项功能。利用 GPS 和电子地图可以实时显示出车辆的实际位置，并任意放大、缩小、还原，可以随着目标移动使目标始终保持在屏幕上，还可以实现多窗口、多测量、多屏幕同时跟踪利用该功能，对重要车辆和货物进行跟踪运输。此外人们还发明了雷达系统，比如气象雷达、预警雷达，其中气象雷达可以通过空中的无线电波探测到某个地区的天气情况，预警雷达则可以在地震、火灾等重大危险发生时，及时向人们传达预警信息。

# 1.2 现代通信技术

所谓通信，最简单也是最基本的理解，就是人与人沟通的方法。无论是电话，还是网络，解决的最基本的问题，实际还是人与人的沟通。现代通信技术发展至今，通信网络已经覆盖全球（图1-1），"坐地日行八万里"已经被当今通信网络的速度超越，"人面不知何处去"的难题也可仅用一个视频电话就能解决。

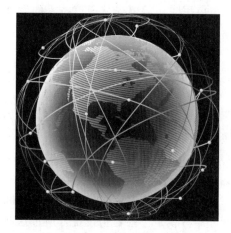

图 1-1 全球通信网络覆盖简图

现代通信技术，就是随着科技的不断发展，采用最新的技术来不断优化通信的各种方式，让人与人的沟通变得更为便捷、有效，这是一门系统的学科，5G 就是其中的重要课题。今天人类站在新的一次信息革命的门槛上，这次信息革命超越了以前的信息革命，它是利用移动互联、智能感应、大数据、智能学习综合而成的一个新的服务体系，会根本性地改变人类社会，而 5G 正是这次信息革命的一个基础技术。

通信技术和通信产业是自 20 世纪 80 年代以来发展最快的领域之一，不论是在国际还是在国内都是如此，这是人类进入信息社会的重要标志之一。通信就是互通信息，从这个意义上来说，通信在远古的时代就已存在。人之间的对话是通信，用手势表达情绪也可算是通信；用烽火传递战事情况是通信，快马与驿站传送文件当然也是通信。现代通信一般是指电信，国际上称为远程通信。

纵观通信的发展，分为三个阶段。第一阶段是语言和文字通信阶段，在这一阶段，通信方式简单，内容单一。第二阶段是电通信阶段，1837 年，莫尔斯发明电报机，并设计莫尔斯电报码；1876 年，贝尔发明电话机；这样，利用电磁波不仅可以传输文字，还可以传输语音，由此大大加快了通信的发展进程；1895 年，马可尼发明无线电设备，从而开创了无线电通信发展的道路。第三阶段是电子信息通信阶段。不同通信发展阶段的设备如图 1-2 所示。从总体上看，通信技术实际上就是通信系统和通信网的技术。

通信系统是指点对点通信所需的全部设施，而通信网是由许多通信系统组成的多点之间能相互通信的全部设施。

现代的主要通信技术中包含数字通信技术。数字通信技术即传输数字信号的通信技术，是通过信号源发出的模拟信号经过数字终端编码成为数字信号，终端发出的数字信

电报机　　　　　　　　　　　　电话机

第二阶段：电通信阶段

智能手机

第三阶段：电子信息通信阶段

图 1-2　不同通信发展阶段的设备

号，经过信道编码变成适合于信道传输的数字信号，然后由调制解调器把信号调制到系统所使用的数字信道上，再传输到对端，经过相反的变换最终传送到信宿。数字通信以其抗干扰能力强，便于存储、处理和交换等特点，已经成为现代通信网中的最主要的通信技术基础，广泛应用于现代通信网的各种通信系统。数字通信技术的基本原理是将信号转换为数字形式，然后使用数字信号进行传输。传输的信号可以是语音、视频、图像或者其他数据，数字通信的基本要素包括信号源、信号处理、数字信号处理、信道模型和信号检测等。数字信号的传输具有许多优点，比如抗干扰性强、错误率低、信号传输距离长等。数字通信技术是一种重要的通信技术，它可以满足现代高速通信网络的需求，对于实现高速、高质量、可靠的通信来说是至关重要的。

信息传输技术是现代通信技术中的重要一环。信息传输技术主要包括光纤通信、数字微波通信、卫星通信、移动通信、图像通信以及视频通信。光纤通信是以光波为载频，以光导纤维为传输介质的一种通信方式，其主要特点是频带宽，比常用微波频率高 104～105 倍；损耗低，中继距离长；具有抗电磁干扰能力；线经细，重量轻；还有耐腐蚀，不怕高温等优点。

数字微波通信是指利用波长为 1mm～1m 的电磁波，通过中继站传输信号的一种通信方式。其主要优点为信号可以"再生"；便于数字程控交换机的连接；便于采用大规模集成电路；保密性好；数字微波系统占用频带较宽等。因此，虽然数字微波通信只有二十多年的历史，却与光纤通信、卫星通信一起被国际公认为最有发展前途的三大传输手段。

卫星通信是地球上的无线电通信站利用卫星作为中继而进行的通信。卫星通信系统由卫星和地球站两部分组成。卫星通信的特点是：通信范围大；只要在卫星发射的电波所覆盖的范围内，任何两点之间都可进行通信；不易受陆地灾害的影响，可靠性高；只要设置地球站电路即可开通，开通电路迅速；可同时在多处接收，能经济地实现广播、多址通信特点；电路设置非常灵活，可随时分散过于集中的话务量；同一信道可用于不同方向或不同区间的多址连接。

移动通信是指通过无线技术实现的移动设备之间的通信。其基本原理是利用无线电波传输信息，在移动设备之间建立起通信链路，实现文字、声音、图像和多媒体等信息的传递。

图像通信是传送和接收图像信号（图像信息）的通信。它与广泛使用的声音通信方式不同，传送的不仅是声音，而且还有看得见的图像、文字、图表等信息，这些可视信息通过图像通信设备变换为电信号进行传送，在接收端再把它们真实地再现出来。

视频通信是用可见的方式进行远程图像通信。一根网线（甚至连网线基本都不需要了）、一个屏幕、一个摄像头就进行。今天，视频通信系统已经广泛地应用在各个行业中：会议、娱乐、监控、医疗、教育，从 QQ、微信上的视频对聊，到网络直播间的在线直播，到高分辨率大型视频会议系统，都可以归为视频通信，如图 1-3 所示。视频通信是当今社会重要的通信手段，安防行业、远程教育行业等，视频通信都是重要的技术基础。"沟通看得见"，不仅仅完成的是人类长久以来的夙愿，更是人类提高自身、改造自然界的重大突破！我们正在亲身经历着现代通信带来的变化与福音。

图 1-3　视频通信

早期的通信形式属于固定点之间的通信，随着人类社会的发展，信息传递日益频繁，移动通信因其具有信息交流灵活、经济效益明显等优势，得到了迅速发展。所谓移动通信，就是在移动中实现的通信，其最大的优点是方便、灵活。移动通信系统主要包括数字移动通信系统（GSM），码多分址蜂窝移动通信系统（CDMA）。

通信网主要分为电话网、支撑网和智能网。电话网进行交互型话音通信；一个完整的通信网除了有以传递信息为主的业务网外，还需要有若干个用以保障业务网络正常运行、增强网络功能、提高网络服务质量的支撑网络，这就是支撑网；而智能网是在原有的网络基础上，为快速、方便、经济、灵活地生成和实现各种电信新业务而建立的附加网络结构。

数字通信技术提升了人们相互连接的能力与多样性。数据是具有某种含义的数字信号的组合，如字母、数字和符号等，传输时这些字母、数字和符号用离散的数字信号逐一表达出来，数据通信就是将这样的数据信号夹到数据传输信道上传输，到达接收地点后再正确地恢复出原始发送的数据信息的一种通信方式。其主要特点是：人-机或机-机通信，计算机直接参与通信是数据通信的重要特征；传输的准确性和可靠性要求高；传输速率高；通信持续时间差异大等。而数据通信网是一个由分布在各地的数据终端设备、数据交换设备和数据传输链路所构成的网络，在通信协议的支持下完成数据终端之间的数据传输与数据交换。数据网是计算机技术与近代通信技术发展相结合的产物，它集信息采集、传送、存储及处理于一体，并朝着更高级的综合体发展。

## 1.3 移动通信发展

人们的日常生活离不开移动通信，当代人都是移动通信行业迅猛发展的见证者，智能手机的问世更是信息时代崛起的标志之一，加速了移动通信技术的革新。人们通常说的"G"，代表的是"代（Generation）"，从模拟通信时代的 1G 到万物互联的 5G，移动通信的几代发展是技术进步的结果，同时，进步与博弈共存，共同组成了一部波澜壮阔的通信发展史。图 1-4 表示的移动通信技术发展阶段，1G 到 5G 设备的演化如图 1-5 所示。

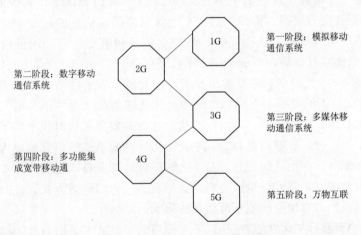

图 1-4 移动通信技术发展阶段

（1）笨重的第一代手机："大哥大"。第一代移动通信技术（1G）是指最初的模拟、仅限语音的蜂窝电话。"大哥大"的发明让人类敲开了移动通信的大门，从此人类进入了 1G 时代，在这个开天辟地的时代中，人们实现了利用"大哥大"通信。

"大哥大"传递信息依靠的是模拟通信系统，就是利用正弦波、脉冲等电流信号模拟原始信号传递信息的一种通信方式。当声音和光等信号进入模拟通信系统之后，系统内的电流就会因为这些信号改变形态，最终形成一种和声音或光类似的电信号，这些电信号就是我们所说的模拟信号。一个完整的模拟通信系统主要由用户设备、终端设备和传输设备三部

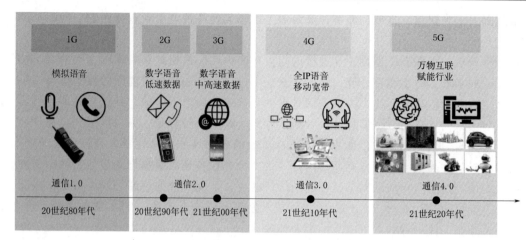

图 1-5 1G 到 5G 设备的演化

分组成，1G 时代的"大哥大"就已经具备了这三部分相对应的功能。当使用"大哥大"打电话时，我们的声音会被"大哥大"转换成模拟电信号，然后"大哥大"的终端处理系统会将模拟电信号调制成能够传输的信号，最后"大哥大"再利用传输系统将信号发送到对方的"大哥大"上面。

对方的"大哥大"接收了模拟电信号之后，会利用自身的终端系统，把模拟电信号还原成声音信号，这样对方就可以听到我们的声音了。虽然"大哥大"让人们实现了随时通信的愿望，但是"大哥大"只存活了不到 10 年，就被人们淘汰了，其中的原因有很多："大哥大"的抗干扰能力很弱，模拟电信号在沿着线路传递信息的过程中会受到外界和通信系统内部的各种噪声干扰，这些噪声一旦和电信号纠缠在一起，通信质量就会变得很差；"大哥大"只能接打电话，不能文字、图片等信息。

（2）20 世纪 80 年代后期，随着通信技术逐步发展，数字移动通信技术出现，通信技术进入了 2G 时代。人们发明出更加小巧的手机并亲切地称之为"小灵通"，以此彰显 2G 时代发达的通信技术。到了 1995 年，2G 时代，也就是数字通信时代来临了。与模拟通信技术相比，数字通信技术能够有更好的抗干扰能力，同时承载的信息量也大幅度提升，速率能够达到 64kbit/s，在此基础之上，除了能够提供语音业务，也能支持短信业务，以及浏览一些手机报和网页，聊 QQ 也成为当时人们较为流行的沟通方式。此时，大家都已看到移动通信将对我们日常生活产生不可估量的影响的必然性。

（3）3G 的主要盛行年代在 2009 年以后，使用的主要技术仍旧为数字通信技术，不过与 2G 相比，此时移动通信技术的容量更大，功率更小，辐射也更小，网速大大提高，能够达到 5376kbit/s。同时，人们已经可以使用视频聊天，"微博大 V"成为时尚词汇，我们的手机中能够安装和支持的 App 也更加丰富。智能手机也在这一时代诞生，使得 3G 有了切实的载体。

（4）为满足人们日益增长的通信需求，4G 应运而生。2013 年前后，4G 时代正式到来。此时，人们对移动通信技术的依赖日益增加，也催生出更多的需求，例如各大运营商均推出了流量不限量套餐，使得人们再也不用担忧流量不够的问题；各种在线游戏也发展得如火如荼；在支付方面，移动支付彻底改变了人们的消费习惯；一些短视频和直播平台，例如快手、抖音等也成为人们的新宠。这些新的应用得益于 4G 时代网速的大幅增长，此时的静态传输速率能够达到 1Gbit/s，高速移动状态下也能够达到 100Mbit/s。

（5）5G：万物互联，赋能行业。对于 5G，我们常说的一句话就是："4G 改变生活，5G 改变社会"。5G 推动传统的 3C 向新 3C 转变。传统 3C 指 "Computer（计算机）、Communication（通信）和 Consumer electronics（消费电子）"。新 3C 中：第一个 C 代表 "Connection（连接）"，泛在连接带来的永远在线将为各行各业以及全社会的智能化发展提供基础；第二个 C 代表 "Control（控制）"，5G 的通信将承载各种控制，通过控制去实现工业自动化、远程施工等；第三个 C 代表 "Convergence（融合）"，5G 将会与各行各业垂直领域产生深度的融合，这种融合也将催生许多新的业务，产生新的商业物种，从而创造巨大的价值。

值得指出的是，进入 5G 时代，我国已站稳第一梯队推动通信技术的发展进程，并进一步带动我国经济社会转型升级。

## 1.4　5G 通信的技术特点

从 1G 到 5G，每一代通信系统的升级都有各自的特点，5G 通信的关键技术特点如图 1-6 所示：5G 具有超大带宽、超高可靠低时延、超大连接。在 5G 的应用过程中只有抓住了这些特点，才能明确其优势、劣势，扬长避短升级改造，更好地运用于 5G 融合赋能的实践中。

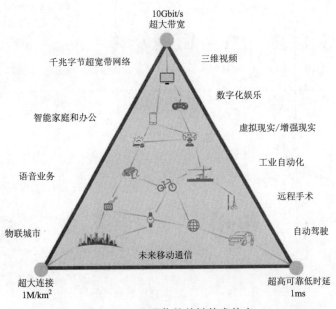

图 1-6　5G 通信的关键技术特点

5G 的网速比 4G 快得多，与网络通道有关，5G 的网络切片技术可以按实际用户需求开辟出更多的通道，为用户提供相应的切片通道，承载 VR 类业务，网络拥塞的现象可以得到彻底改变。5G+VR 技术可以让观众沉浸在立体逼真的虚拟世界中，颠覆传统的参观模式，跨越时间和空间进行深度体验，真正让参观者在虚拟世界中深度感受。5G＋VR 应用的相关参数如图 1－7 所示。

VR

网络带宽：4.93Gbit/s
网络时延：＜7ms

·分辨率：23040×11520ppi
·视角：360°
·帧率：120帧/s

图 1－7　5G＋VR 应用的相关参数

5G 有着低至 1ms 的延迟，更低的时延意味着更及时的响应。这一特性对于无人驾驶、应急事故处理等场景意义重大。汽车的无人驾驶问题，目前的方案多依靠传感器技术实现，车辆根据环境进行被动式操作，难免出现一些事故。而当 5G 技术运用其中时，由于极低的时延，车和车之间可以进行最为及时的通信，从而主动规划行驶线路，根据突发情况做出最合适的处理，更加智能安全，如图 1－8 所示。5G 支持超大规模物联网，可以提供海量设备的连接能力，以满足物联网通信，此时对功耗是一个巨大的挑战，而 5G 新技术具备低功耗的特点，如图 1－9 所示。还有，医学的远程手术也因 5G 的低延迟特点受益，手术可以实现精确的远程控制，惠及民众之深、之广泛，令人期待。

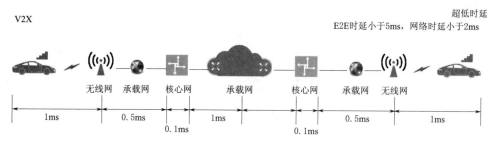

图 1－8　5G＋交通

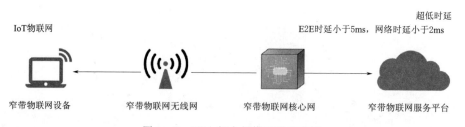

图 1－9　5G＋超大规模互联网应用

5G 相对于 4G 最大的改变是，从连接人与人，提升到连接世间万物。国际电信联盟将 5G 应用场景分为三个主要方向：一个是增强型移动宽带，例如智能手机上所使用的 5G 网络，这也是大众最为熟知的部分；一个是低时延高可靠通信，可帮助实现自动驾驶、智慧交通、工业自动化等；还有一个是海量物联网，这也是未来涉及终端数量最大的一个方向。

　　5G 具有泛在网的特点，即业务范围广，这里包含两层含义：一是广泛覆盖，如可以覆盖城市、农村、高山、森林、复杂地形，5G 可以通过大量部署传感器，实现网络贯通；二是纵深覆盖，如 4G 网络在电梯、车库、房屋角落等位置信号质量不太好，5G 可以纵深覆盖，网络服务品质更高。泛在网的这一特点，某种程度上比高速率还重要，高速率只是要求建一个速率很高的网络，并不能保证服务与体验，而泛在网才是 5G 取得良好体验的根本保证。

　　5G 不是远离普通大众的高深技术，而是会很快渗透到社会生活的方方面面，同时还会影响我们的经济、文化和政治。在 5G 时代，我国在核心技术、通信标准的话语权、运营部署都走在世界前列。因此，研究、了解 5G 技术，以及 5G 带来的通信网络、管理和业务的变化与走向，具有重要价值。对于 5G 的技术形态和业务场景，工业界和学术界都在不断地进行探索。可喜的是，业界在 5G 上已经达成广泛共识：不同于前四代移动通信技术，5G 移动通信系统不是简单地以某个单点技术或者某些业务能力定义，而是一系列无线技术的深度融合，它不仅关注更高速率、更大带宽、更强能力的无线空口技术，而且更关注新型的无线网络架构。

　　非常重要的是，垂直行业将在 5G 时代蓬勃发展，例如传统采掘业在引入 5G 技术，建立了 5G 巡检、综采面无人操作、掘进面无人操作、5G 综合数据采集系统等 5G 应用后，提升了安全性和经济效益，如图 1-10 所示。5G 将是融合多业务、多技术，聚焦于面向垂直行业深度的融合赋能业务应用，并注重用户体验的新一代移动通信网络。

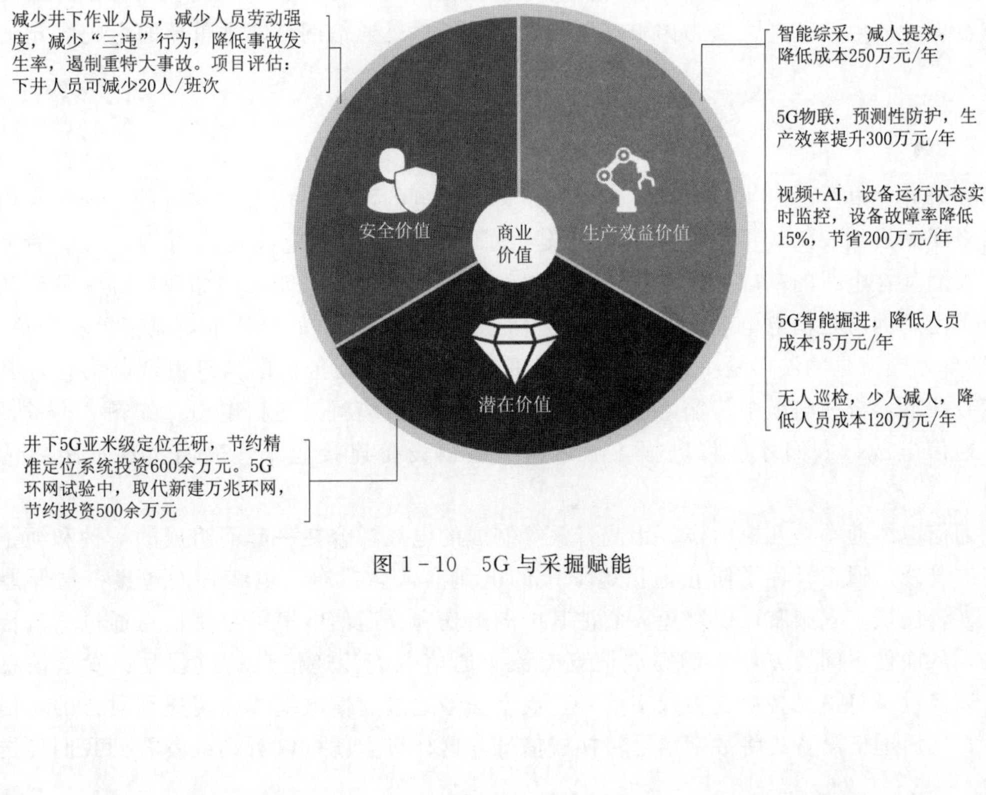

减少井下作业人员，减少人员劳动强度，减少"三违"行为，降低事故发生率，遏制重特大事故。项目评估：下井人员可减少20人/班次

智能综采，减人提效，降低成本250万元/年

5G物联，预测性防护，生产效率提升300万元/年

视频+AI，设备运行状态实时监控，设备故障率降低15%，节省200万元/年

5G智能掘进，降低人员成本15万元/年

无人巡检，少人减人，降低人员成本120万元/年

安全价值

商业价值

生产效益价值

潜在价值

井下5G亚米级定位在研，节约精准定位系统投资600余万元。5G环网试验中，取代新建兆环网，节约投资500余万元

图 1-10　5G 与采掘赋能

# 第2章 基础通信设备

基础通信设备作为通信系统的重要组成部分，主要分为"地下埋、水里淹、天上架和空中传"等设备，同时通信的基础设施也"存放"在通信机房（IDC）里，以保障通信技术的实施。

## 2.1 通信设备概述

大部分人能接触到的通信设备是手机、固定电话、传真机，以及运营商安装的上网Modem、机顶盒等设备，这类通信设备一般被称为终端设备。组成各业务网络的设备，以及5G核心网、无线网、承载网络的组成设备，这类设备一般被称为网络设备。基础通信设备是指通信系统中的一些基础构件（如设备安装机房）、连接介质（通信电缆、通信光缆、无线电波等）。基础通信设备一般不像终端设备或网络设备，具有独立通信功能，它们基本需要加入通信网络内，才能发挥出通信功能，同时这些基础通信设备由于需要埋入地下，像无线电波那样无法为肉眼观测到，但它们也是通信网络非常重要的组成部分。

## 2.2 通信电缆

在研究"电"的时候，人们发现金属是可以导电的，可以用来传递电能，因此人们试着将金属做成细长的线，电线也就因此诞生了。而当单根的电线无法再满足人们的需求时，人们又在电线的基础上发明了电缆。电缆可以用来传递电能，例如我们经常见到的高压线，使用的就是输电电缆。我国家庭用电都是220V/50Hz的交流电，属于单相交流电。220V单相交流电的波形是个正弦波信号，我们可以将需要传输的信息也调制为各种各样的信号波形，再在电缆中传输，这种用来传递信息的电缆就是通信电缆，如图2-1所示。有了通信电缆，人们才能将电报、电话这些通信设备连接起来，进而实现远距离传递消息。

通信电缆通常是几根由铜、铝或者银等制成的电线糅合在一起而组成的一种和绳子差不多的管线。通常，为了防止通信电缆中的电泄漏，会在通信电缆外面包裹一层厚厚的"衣服"，这层"衣服"可以避免人们被其中的电伤害。通信电缆可以将信息通过电流传递出去，从而使不同地方的人们完成信息交流。通信电缆传递信息的过程是：发送信息之后，通信设备将信息转换成为数字信号，数字信号通过通信电缆线路传递到对方的通信设备上，之后通信设备再将数字信号转换成信息，这样对方就可以听到或者看到我们传送的

图 2-1 通信电缆

信息了。世界上第一条海底通信电缆铺设成功之后，传递信息的速度提高了近百倍，欧洲和美洲两地的人们再也不会被浩瀚的大西洋阻隔，他们凭借这条巨大的通信电缆实现了信息交流。就是从这个时候开始，新闻业得到了快速发展，越来越多的记者每天奔走于电报局和报社之间，为人们传递着世界上最新的信息。

而后，电话也依靠通信电缆得以连接，通过一条条细长的通信电缆，人们可以在全世界范围内进行语音交流。各种通信技术和设备的发明让人们跨越了距离的阻碍，把整个世界的人们都联系到了一起，而通信电缆则是通信技术发展的基石。

# 2.3 通 信 光 缆

通信光缆是用来实现光信号传输的通信线路，是由一根或多根光导纤维（简称光纤，细如头发的玻璃丝）单独或成组使用的通信线缆组件。其中光纤按照一定方式组成缆芯，外包有护套，有的还包覆外护层，光缆的基本结构一般包括缆芯、加强钢丝、填充物和护套等几部分，另外根据需要还有防水层、缓冲层、绝缘金属导线等构件。光缆内没有金、银、铜铝等金属，一般无回收价值。

与电缆相比，人们更喜欢用光缆来传递信息。其一，光纤传递信息的能力强。据科学家测算，光纤的传递能力是传统电缆的几十甚至几百倍，仅仅一条光纤就可以让十几个人同时通话，可以同时传送十几个电视节目。而一条光缆里面可以有很多条光纤，所以一条光缆可以传递大量的信息和数据。其二，制作光纤的成本很低。光纤主要材料是二氧化硅，而二氧化硅非常容易获得，就目前来说是取之不尽，用之不竭的。其三，光纤的保密性很好。光纤几乎不会受到影响，要想从光缆中得到别人的信息，只有切断光缆才能成功，所以使用光纤传递的信息不容易被泄露出去。其四，光纤可以进行长距离的传输，极大地满足了人们对通信距离的要求。现在，很多国家都在陆地上铺设了很多光缆，以便人们在全国范围内传递信息。目前我们平时在家上网时用的网线大部分都是光缆。

在洲际、省份、城市之间，一般采用光缆或海底光缆。在城市内部，程控交换机通过多种方式连接用户的电话机或企业的电话交换机，如大对数电缆、光纤等。在电信机房内设备之间的连接都采用线缆，线缆在设备、数字配线架（digital distribution frame，DDF）、光纤配线架（optical distribution frame，ODF）之间连接。光纤与线缆如图 2-2 所示。

图 2-2　光纤与线缆

# 2.4　无 线 电 波

虽然电缆成功地帮助人们实现了信息的快速传递，但是架设电缆线路却是一件非常麻烦的事情。除了电缆之外，无线电波也可实现无线通信。无线电波，简单来说，就是在自由空间中传播的电磁波，它可以帮助我们"运送"信息。

当手机等设备发送的信息被转换成为无线电信号后，会将信号以电磁波的方式释放到空中。附近的基站天线检测到这些信号后，会将这些电磁波全部接收，并将电磁波承载的信息放大、检测，取出有用的信息，最后再发送到接收人的手机等设备上，这就是无线电波传递信息的全部过程。无线电装置由发射器和接收器两部分组成：发射器将需要传递的文字、声音、图像等信息通过无线电波传递出去，接收器则会通过天线或基站接收无线电波并对电磁波承载的信息进行解码。

手机就是一种无线电收发设备，它的内部装有发射器和接收器。由于手机中的发射器和接收器可以同时运作，所以其在发送信息的同时还可以接收信息。

# 2.5　通 信 基 站

通信基站几乎是随处可见的，一般特指"公用移动通信基站"（base station，BS）。基站的存在和"水、电"一样重要，它发出去的电磁波和空气一样围绕在人们的四周。基站存在的全部意义，就是又快又稳地把信号撒播到每一个角落，连接人们的手机与整个世界。对普通人来说，唯一能够经常见到的局端通信设施就是铁塔，以及铁塔上架设的层层叠叠的基站，也能看到一些小型的微基站，如屋顶微基站、路灯上的微基站，今后大量的室内微基站也会出现，如图 2-3 和图 2-4 所示。

图 2-5 为基站结构，基站的各系统的作用大致如下：

（1）天馈系统：负责信号的发送和接收，包含天线和馈线。

（2）射频单元（remote radio unit，RRU）：负责信号的生成和提取，是基站非常重要

图 2-3 室外 5G 基站

（a）屋顶微基站

（b）路灯上的微基站 （c）室内微基站

图 2-4 小型 5G 微基站

（a）通信基站结构示意图

（b）通信基站互联网示意图

（c）通信基站的天线和射频单元

图 2-5 基站结构

的部分。

（3）基带单元（base band unit，BBU）：负责信息的加工和处理，核心中的核心。

（4）配套系统：为上述各个系统提供支撑，包含铁塔、机房、电源空调等设备。

天线是用来收发信号的。它可以把从射频单元送来的信号聚焦在正确的方向上发送给手机，甚至还能像手电筒的光束一样，用信号形成电磁波束来随着手机移动，精准发射。另外，它还可以感知并接收手机发来的微弱信号，并把这些信号收集起来发给射频单元并从中提取信息。如果仔细观察天线的底部，会发现有一股股的黑色细线向下延伸，这些线缆就是馈线，用来连接射频单元并传播电磁波到天线上。馈线和天线一起组成天馈系统。住宅小区用得最多的是射灯天线，主要安装在住宅楼顶，看起来像灯罩，实际是天线，主要覆盖小区住户。

沿着天线连接的馈线一直往下捋，能看到藏在天线背后的银色盒子，这就是射频单元。射频单元主要负责无线信号的生成和提取。信号的生成，就是把要发送的信息转化成电磁波，通过馈线传给天线，然后发射到空气中。射频单元内部可以分成很多模块，分别负责 2G、3G、4G 甚至 5G 信号的发送。虽然从 2G 到 5G，技术越来越进步，能使用的频率越来越高，但是基站的辐射却是在不断下降的，因为基站变小了。在 2G 时代，一个基站要覆盖几公里内所有的信号，信号发射器的功率必须很大，因此基站一般为很高的铁塔。但是到了 5G 时代就不一样了，因为频率太高，波长太短，绕射能力不足，一个基站控制的范围很窄，所以每一个基站都修得非常小。甚至 5G 基站只有几十公斤，就像装文件的手提箱那么大，不需要铁塔了，可以随意装在杆子上、挂在墙上。若使用了耐腐蚀材料，还可以把 5G 基站装在下水道里。一个 5G 基站，体积不大，看起来非常像路由器，实际上，它也就是一个略大一号的路由器。在 5G 时代，如果在同一个基站下互相通信，基站将不再传输他们之间的数据，仅发送一个匹配控制信号，让这两部手机自己互相传输信号。因为手机的功率都可能比 5G 基站的要大，信号传输更强更稳定，还省了基站的资源，很划算。

离开射频单元，一路向下就到了一个最关键的部位——机房了。基站通常都有一个机房，有的在大楼里某个不起眼的角落，也有室外或野外的基站机房。在机房内部机柜里，会看到一个约 10cm 高，不到半米宽的盒子，上面插满线缆，面板上有些绿色的 LED 灯在快速地闪烁着，这就是基站大脑——基带单元。基带单元的作用是完成原始信息的加工处理，然后发送给射频单元来生成无线电信号，并通过天线发送给手机。反过来，手机发出的信号也要通过天线接收，经过射频单元的初步处理，最终到达基带单元来提取信息。通常基带单元都是放在室内（也就是机房）。基带单元、射频单元和天线是基站的核心器官，它们协同工作，就能让基站正常运转，人们就能实现打电话、发短信、上网等通信了。

事实上，早在 2018 年我国就已经有几百万座基站了，基站与基站像一个个细胞一样，彼此紧密相连成网络，为人们提供无缝覆盖的通信服务。基站，特别是 5G 基站都在向小型化发展，小型化的基站一般为基带单元和射频单元的组合体，比如"背包基站"，可以背在后背上，就是背了一座基站，转播轻松自由；家庭里有家庭基站，受益 5G 家庭基站，智慧融合赋能得以畅快实现，智慧家庭带给我们的体验实在值得期待。

# 2.6 机房通信设备

一般来说，通信机房分基站机房、汇聚机房、核心机房几种。

基站机房所包括的设备有：电源、信号收发器、传输设备（SDH、PDH）、4G/5G设备、ODF、DDF、一体化开关电源、电池、交流配电箱，部分基站机房还有直流配电箱、灭火装置、环境监控器、空调、防雷箱、中间配线 DF、接地排等。

汇聚机房在网络中起承上启下的作用，负责将本地业务节点连接到骨干节点，通过物理及逻辑网络将业务汇聚、疏导到相应的业务收容节点。

核心机房（图2-6）作为数据传输和存储的核心场所，承载着各种网络设备和服务器的运行，其稳定性和安全性对于保障通信网络的正常运行至关重要。一般核心机房还包括数据机房（交换机房）、网管机房、总配线架（Main Distribution Frame，MDF），这里来谈论一下 MDF，MDF 适用于大容量电话交换设备的配套，用以接续内外线路，还具有测试、保护局内设备等作用。由于线路采用光缆、电缆的不同，设备与电缆的接口、连接器也会不同。所以利用 MDF 可以将布线做到美观整齐，利用后续维护工作，如图2-7所示。

图2-6 核心机房　　　　　　　图2-7 电信局房内整齐的 MDF

由于通信机房中的设备是包含大量的微电子、精密机械设备，因此在通信机房中营造恒温、恒湿的环境是非常必要的。核心机房的空调一般都是大型专用的精密空调。为了保证机房温度、湿度在合适的范围内，精密空调需要 $7 \times 24$ 小时长时间运行。对于大部分机房，空调都需要有严格的备份措施，如果一台发生故障，其他空调还能稳定地工作，这样可保证工程维护人员有充足的时间修复发生故障的空调。

通信机房的设备都需要供电，而供电采用的方式通常是电源或者电池。电源是通信设备的生命线，但无法保证供电在任何时间都是100%稳定的。为了让电信设备不因电源问题受到影响，一般情况下，通信机房都采用三级电力保障：引入电梯应采用两路不同的市电专线；应采用两路四冲程柴油发电机（俗称"油机"）；采用两台并机不间断电源（UPS），容量需足够大，后备可支持 4h 以上。有了这三级电力保障，才可保证电信网络的稳定。在市电不正常或停供时，UPS 将发挥其作用，以保证重要设备的供电。UPS 一般在有市电的情况下进行充电储能，在市电断供的情况下释放电量。

通信机房中的电信设备需要长时间不间断运行，因此散热、通风都是产品设计的要点。电信设备在机架上安装或者自带机架，设备安装需考虑尺寸、安装方法、供电要求、温度和湿度范围、线缆连接规则、风扇位置和通风方式等。如果安装不符合科学要求，会在以后的维护中陷于被动。

通信机房中电信设备一般都是特殊设计和特殊制造的，如多电源、多风扇结构等是为了保持其 24 小时开机状态；在电磁干扰严重或机房温度、湿度和灰尘条件恶劣的环境下，也需作单独考虑。大部分通信设备都会比家用电器遵循更加严格的标准设计和制造，价格也比一般家用设备更贵。

# 第3章 通信业务网络

通信网络的发展推动了通信业务的发展，运营商都是围绕某些通信业务完成通信业务网络的建设，通信技术的代际发展也是围绕着升级通信业务的方式来进行。例如最基础、发展时间最长的电话交换网经历了程控交换时代、软交换时代到 IP 多媒体子系统（IP multimedia subsystem，IMS）融合业务时代，其间，从使用程控交换技术和信令网技术，到 NGN 网络 IP 统一承载，再到 IMS 系统承载，各类通信技术已经从泾渭分明发展到追求融合、你中有我的交融共存。通信网络种类繁多，且根据不同的技术特征、应用场景和组织结构可以进行不同分类。本章将从人们日常所接触的通信业务出发，详细介绍业务网中的公用电话交换网（public switched telephone network，PSTN）、数据通信网和移动通信网三种最常用的通信业务网络的技术基础和发展情况，为读者构建通信业务网络的基本框架。

## 3.1 电话交换网

大部分人接触通信技术都是从"打一个电话"开始的。通信网络中一个最经典的网络分支就是 PSTN。虽然基于电路交换技术的电话交换网大部分已经从全球运营商退出了现网，新的下一代网络（next generation network，NGN）技术架构已经接替 PSTN 技术架构成为电话交换网的技术基础。但是了解电话交换网的架构和技术对我们学习通信知识，直至掌握 5G 通信相关知识都相当有益。

### 3.1.1 电话号码

拿起电话听筒或者是手机准备打一个电话，首先要做的是拨打电话号码。"为什么拨美国的号码是 001 开头，拨广州的长途是 020 开头？""为什么广州的固话是 8 位，所有地方的火警都是 119？""为什么中国的手机号码是 11 位？"这要从国际电信联盟（International Telecommunication Union，ITU）讲起。

ITU 是联合国负责信息通信技术事务的专门机构，成立于 1865 年，旨在促进国际上通信网络的互联互通。ITU 的全球成员包括 193 个成员国以及包括各公司、大学、国际组织以及区域性组织在内的约 900 个成员。ITU 通过组织制定一系列国际各个国家、各个电信设备厂家和电信运营商共同遵守的规范，保证了地球上各个国家的通信可以通过满足一系列标准即能够做到全球互通。其中在其 1997 年发布的 Recommendation ITU - T E.164 中就明确地规定了国际电话业务使用的号码规范，如图 3-1 所示。

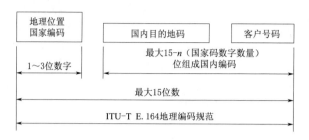

图 3-1　国际电话业务使用的号码规范

由图 3-1 可以看出：

（1）电话号码的全长不超过 15 个数字。

（2）电话号码可以被分成 CC、NDC、SN 三个部分。

1）CC（国家码）的长度为 1～3 个数字。ITU 国际电话号码规范——CC 码全球分配表见表 3-1。

表 3-1　　　　　　　　　　ITU 国际电话号码规范——CC 码全球分配表

| 1×× | 北美洲、美国和加拿大的国家码均为 1 | 7×× | 俄罗斯、白俄罗斯等国家 |
|---|---|---|---|
| 2×× | 非洲 | 8×× | 北太平洋（东亚），其中中国为 86 |
| 3×× 和 4×× | 欧洲诸国 | 9×× | 远东和中东 |
| 5×× | 南美洲 | 0×× | 备用 |
| 6×× | 南太平洋 | | |

注：×代表任何一位数字，或者为空。

2）NDC 和 SN，它们分别是国家地区码和用户号码，加起来不超过 15－国家码的长度。例如，固定电话中"10"代表北京的国家地区码，后面跟了 7 位或者 8 位市话号码；移动电话中前七位的"1××ABCD"，其中"1××"代表我国几大电信运营商，"ABCD"代表不同的号码归属地省份，再后面 4 位数是用户号码位。

有了电话号码，我们可以唯一地定义地球上任意一部电话机或是手机，并和它"打一个电话"了。

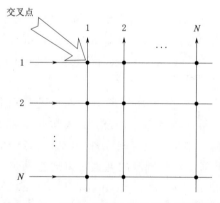

图 3-2　N×N 路输入输出节点矩阵图

## 3.1.2　电路交换技术

已知一个电话号码"861099332779"在中国北京，如果想打通这个电话，运营商需要采用什么技术呢？

答案是电路交换技术。假设设计一个 $N$ 路输入和 $N$ 路输出的电路交换系统，需要做到：

（1）无阻塞：对一个输入点 $X$，只要输出点 $Y$ 不被占用，就可以找到一条通路联通 $X$ 和 $Y$，对应电话交换网络，即只要被叫的用户没有在通话，主叫用户就可以打通被叫用户，如图 3-2

所示。

（2）经济性：扩展网络规模时与扩展普通交换机一样，不用产生额外对网络结构进行更新的花费。

诞生于 1952 年的 CLOS 架构，是由贝尔实验室的 Charles Clos 博士在《无阻塞交换网络的演进》提出的，主要用于程控交换机的设计。这个架构主要描述了一种多级电路交换网络的结构。CLOS 架构最大的优点是通过其可以提供无阻塞的网络，CLOS 架构可以做到严格的无阻塞（non - blocking）、可重构（re - arrangeable）、可扩展（scalable）。在多级级联的情况下可以做到无阻塞地交换，具体如图 3 - 3 所示。

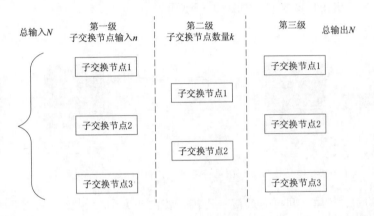

公式：交叉点 $=2\dfrac{N}{n}\times nk+k\left(\dfrac{N}{n}\right)^2=2Nk+k\dfrac{N^2}{n^2}$

图 3 - 3　$N\times N$ 路输入输出三级级联 CLOS 交换架构图

在电话交换机诞生的初期，使用人工交换的方式，手工为输入输出接通交叉点，如图 3 - 4 所示。这种方式需要电信话务员熟记用户拨叫号码所在的输出点，使用手中的接线将电话拨入和电话输出点连接起来，经过几次这样的连接，就为主叫方和被叫方建立了一条通话链路。

在使用 CLOS 架构的现代程控交换机发展起来后，交换技术设计向着大容量、多功能的方向发展。以某公司的 128 模程控交换机为例，系统容量可从 256 用户平滑扩充到 80 万用户线或 24 万中继线；可提供完整的市话、长途 PSTN 业务、ISDN

图 3 - 4　早期话务员人工交换工作照片

业务，丰富的 Centrex、酒店功能解决方案和智能网业务，适应国内、国际汇接局、长途局等高端网的建设，完成国标规定的全部 PSTN、ISDN 基本业务及补充业务。

## 3.1.3　信令技术

想和位于美国洛杉矶的一个固定电话通话，如果已经完成拨号，那程控交换机将如何一路通知到美国洛杉矶的交换机为该通话接续一条通话链路，又是如何通知美国洛杉矶的电话振铃，这里就用到了信令技术。信令是一种标准化的语言，描述了一个端局或电话机需要执行的操作或反馈自身的状态。不同国家、不同厂家的交换设备，通过共同遵循某种信令，起到互联互通、互相理解的作用。

话机使用了用户线信令，将自己拨号的号码、需要接通电话的要求传递给了 A 局。用户线信令主要包括：用户状态信令、选择信令、铃流和信号音。用户在使用多频按键话机的情况下，发出的信令是两个音频组成的双音多频信令（DTMF），A 局依靠识别用户拿起听筒、闭合话机到 A 局的直流电路，向话机发出"嘟——"的拨号音，后续通过识别双音多频信令，解析出用户的拨号，如图 3-5 所示。

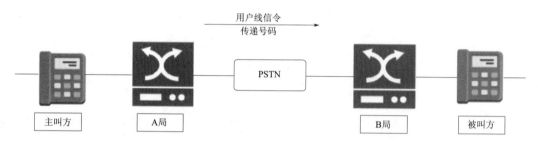

图 3-5　电话拨号流程图第一部分—话机与 A 局交互用户线信令

A 局、PSTN、B 局之间再通过信令连接，将主叫方的呼叫传送到被叫方。其中较常见的信令有中国一号信令和中国七号信令。

信令是一种随路信令，随路信令方式是某个通话电路所需的信令，由该电路本身或者由某一固定分配的专用信令电路传送的信令方式。国内交换局与交换局局之间中继采用脉冲信号调制（即数字编码方式，Pulse Code Modulation，PCM）传输时使用。其将一个 2M 带宽的 E1 端口，分成 32 路时隙，每个时隙带宽为 64kbit/s。其中 30 路时隙为通话信道，第 0 时隙传送同步信息，第 15 时隙传送 30 个通道的线路信令，即 30B+D。也就是一个 2M 带宽的 E1 端口可以最多容纳 30 路电话。中国一号信令是我国自主研发的信令，在国内市话中的局间中继线上使用较多。

中国七号信令是一种共路信令，共路信令方式是将信令通路与话音通路分开，把各种信令集中在一条专用的双向数据链路上传送，是一种公共信道信令方式。中国七号信令作局间信号有如下优点：

（1）信令传送速度高，呼叫接续时间短。

（2）信号容量大，一条 64kbit/s 的链路在理论上可处理几万话路。

（3）灵活，易于扩充。

（4）话路干扰小，话路质量高。

（5）可使话路服务智能化，即使传统的电话业务具备 CLASS 协议特性。

（6）初步时隙控制信令和话务承载分离。

PSTN 中已经基本完全使用中国七号信令互联，如图 3-6 所示。

### 3.1.4　电话交换网的演进——NGN

NGN 是以当前一代网络为基点的下一代网络。当前一代的电信网络是电话交换网，

图 3-6　电话拨号流程图第二部分—局间信令交互

而电话交换网是基于电路交换技术。

电路交换是通信网中最早出现的一种交换方式，也是一种普遍使用的交换方式，主要应用于电话通信网中，完成电话交换，已有 100 多年的历史。

NGN 是一种基于分组交换的网络。在通信过程中，通信双方以分组为单位、使用存储-转发机制实现数据交互的通信方式，被称为分组交换。分组交换的实质就是将要传输的数据按一定长度、一定规则分割成数据包，为了将分割后的数据送到对方，每个数据包都安装一个标识组，里面加入需要到达的地址等信息，转发设备通过读取标识组，按照一定的规则或协议，将数据发送给下一跳。数据分组在物理线路上以动态共享和复用方式进行传输。目前最广泛的分组交换就是我们最常用的 IP 交换，最大的分组交换网就是公众互联网。

NGN 能够提供包括语音、数据、视频和多媒体业务的基于分组技术的综合开放的网络架构，对比电话交换网的只能提供语音通话，技术实现和功能丰富，确实可以称作下一代网络。

运营商实现 NGN 网络架构基本都在承载固定网的业务。在移动网络发展到第三代时，制定 3G 标准的 3GPP（3rd Generation Partnership Project）组织将 3G 定位于多媒体 IP 业务，传输容量更大，灵活性更高，并将引入新的增值业务。这个网络升级直接引起了 IMS 的诞生，而在 4G 及其后的时代，IMS 发展为固定网络和移动网络融合的技术体系，NGN 网络也逐渐开始退出了历史舞台。

# 3.2　数 据 通 信 网

## 3.2.1　OSI 七层模型

与电话交换网主要是由 ITU 的国际组织建立标准一样，数据通信网也有自己的标准化模型，由国际标准化组织（International Organization for Standardization，ISO）制定了网络互连的七层框架模型，即 OSI 七层模型，具体如图 3-7 所示。

OSI 七层模型是一个具有七层结构的体系模型。每一层发送和接收信息所涉及的内容和相应的设备都被称为实体。OSI 七层模型的每一层都包含多个实体，处于同一层的实体称为对等实体。在对等实体之间主要通过协议进行通信。

OSI 七层模型也采用了分层结构技术，把一个数据通信网络系统分成七层，每一层都

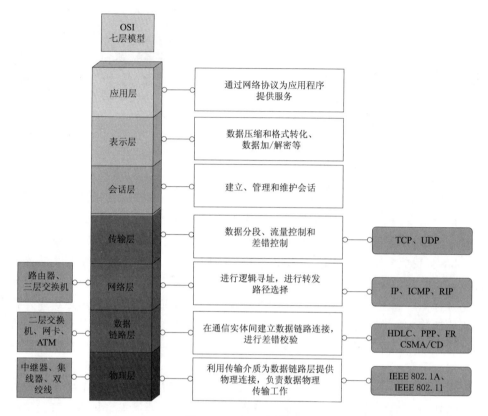

图 3-7　OSI 七层模型

实现不同的功能，每一层的功能都以协议形式正规描述，协议定义了某层同远方一个对等层通信所使用的一套规则和约定。每一层一般通过封装的方法向相邻上层提供一套确定的服务，并且使用与之相邻的下层所提供的服务。

（1）应用层（application layer）。应用层应该是人们接触最多的一个层次，人们平常使用的浏览器，基于 HTTP/HTTPS 协议；使用的邮件服务，基于 POP3/SMTP 协议；使用的文件下载服务，基于 FTP 协议，都是在应用层为用户提供服务。不同的应用程序或者是移动终端内的 App 都是通过一个或多个协议，与远端的终端交互，如微信、QQ；与远端的服务器交互，如收发邮件、浏览网页。

（2）表示层（presentation layer）。表示层将应用层上交互的数据进行格式变化、数据加密与解密、数据压缩与解压等。应用层上交互的数据是以自然语言（如中文、英语）构成的，表示层负责将这些自然语音翻译成机器语言，如果需要就会对变化后的数据进行加密和压缩，这部分数据被同一层的对等实体收取后进行解密和解压缩，同时恢复成自然语言，并提交给应用层展示出来。

（3）会话层（session layer）。会话层顾名思义是负责建立、管理、维护会话。这里的会话是指例如浏览器和远端服务器在建立一条数据传输通道的整个流程中的管理过程：双方开始连接，服务器会执行身份验证的流程；在浏览器里输入了用户名和密码之后，客户端计算机和服务器之间将互相验证对方的身份，从而建立会话或链接；在浏览过程中，一直保持在这个数据传输通道；直至点击了退出，服务器和浏览器之间结束这个会话……这些都是在会话层通过协议实现的。这其中浏览器就实现了应用层、表示层和会话层三层的功能。

（4）传输层（transport layer）。传输层从会话层接收数据，并将数据分为"段"（segment）。同时为这些数据段配上相应的源端口和目的端口字段。为了解决数据段传输中数据包次序错乱等传输问题，为数据段加入了序号字段；为了解决一部分传输错误的问题，为数据段加入了校验和字段。

传输层也负责控制数据段传输的速度，它通过滑动窗口等技术，保证两端的传输速度匹配，不至于出现数据拥塞。

传输层通常使用 TCP 或 UDP 协议，TCP 协议是一种面向连接的协议，它需要收到数据的一端反馈信息至发出信息的一端，如果没有，发出信息的一端会进行数据重传，基于这一点保证数据传输的可靠性。UDP 协议就正好相反，是一种无连接协议，信息的发送端只管发送，默认接收端已经收到所有的数据。这种面向无连接的转发的好处在于转发速度快，时延和抖动都要小于面向连接的转发。

（5）网络层（network layer）。网络层用于将从传输层接收到的数据段从一个对等实体传输到不同网络中的另一个对等实体，网络层将传输层的数据段封装为数据包（packet）。

网络层里我们最熟悉、使用最多的协议就是 IP 协议。IP 协议充分体现了网络层功能特点，分别是寻址（IP 地址）、路由（IP 路由）、路径选择（IP 路由协议）。

（6）数据链路层（data link layer）。数据链路层从网络层接收数据包，然后封装成在数据链路层传输所用的数据帧（frame）。以目前在数据链路层最常用的以太网协议（ethernet）为例，数据链路层作为计算机的网卡嵌入，网卡通过广播或其他方式找到并与网络上的另一台计算机的网卡或者是网关设备建立连接，并将数据帧发送给另一张网卡或者网关设备，并提供差错校验。

（7）物理层（physical layer）。物理层接收数据链路层的数据帧，封装成二进制序列比特（bit），物理层将这些二进制序列转换成信号并在各种介质（如铜缆、光纤、网线、无线信号等）上传输至对端网络实体。物理层负责建立、维护、断开物理连接，物理实体主要体现为中继器、集线器等。

## 3.2.2  IP 全承载技术（All in IP）

网络层作为在整个 OSI 七层模型中承上启下的一层，并不像其他层中有很多协议在使用，而是基本上被 IP 协议"一统天下"。IP 协议全称为网际互联协议（internet protocol），是目前国际互联网的基础协议。

如前所述，网络层的主要功能是寻址、路由和路径选择，这三个功能在 IP 协议里的具体体现是 IP 地址、IP 路由和路由协议。

### 1. IP 地址

目前广泛使用的是 IPv4 和 IPv6 两个版本的 IP 地址，IPv6 地址技术是在 IPv4 地址技术上发展起来的。其中，IPv4 数据包的基本结构如图 3-8 所示。

首部，又被称为包头，固定长度 20 字节，后面的数据是从上层传输层收到的数据帧，

图 3-8　IPv4 数据包的基本结构

被封装进入数据部分，再加上协议字节。总长度不超过最大传输单元（maximum transmission unit，MTU）的限制，如以太网帧的 MTU 是 1500 字节。

当路由器或其他三层设备在转发 IP 包时，如果数据包的大小超过了出口链路的最大传输单元，则会将该 IP 分组分解成片段，再为这些片段标记上序号，将这些 IP 片段重新封装一个 IP 包独立传输，并在到达目标设备时重组起来。

IP 地址是用来识别网络上的设备的，因此，IP 地址由网络地址与主机地址两部分组成。

（1）网络地址。网络地址可用来识别设备所在的网络，其位于 IP 地址的前段。当组织或企业申请 IP 地址时，所获得的并非 IP 地址，而是取得一个唯一的、能够识别的网络地址。同一网络上的所有设备，都有相同的网络地址。IP 路由的功能是根据 IP 地址中的网络地址决定要将 IP 信息包送至所指明的网络。

（2）主机地址。主机地址位于 IP 地址的后段，可用来识别网络上设备。同一网络上的设备都会有相同的网络地址，而各设备之间则是以主机地址来区别。

由于各个网络的规模大小不一，大型的网络应该使用较短的网络地址，以便能使用较多的主机地址；反之，较小的网络则应该使用较长的网络地址。为了符合不同网络规模的需求，在设计时便根据网络地址的长度，设计与划分 IP 地址。

在设计 IP 地址时，着眼于路由与管理上的需求，制定了 5 种 IP 地址的等级。不过，一般最常用到的便是 A 类、B 类、C 类这 3 种，等级的 IP 地址。5 种等级分别使用不同长度的网络地址，因此适用于各种大、中、小型网络。IP 地址的管理机构可根据申请者的网络规模，决定要赋予其哪种等级。图 3-9 为 IPv4 地址的 5 种等级。

各类 IP 地址的取值范围如下：

A 类：0.0.0.0 到 127.255.255.255。

B 类：128.0.0.0 到 191.255.255.255。

C 类：192.0.0.0 到 223.255.255.255。

D 类：224.0.0.0 到 239.255.255.255。

E 类：240.0.0.0 到 247.255.255.255。

传统 IP 地址的运行方式，由于以等级来划分，因此称为等级式的划分方式。相对地，后来又产生了无等级的划分方式（classless inter-domain routing，CIDR）。

2. IP 路由和路由协议

互联网是最大的 IP 网络，它是由许多个 IP 网络连接所形成的大型网络。如果要在互联网中传送 IP 信息包，除了确保网络上每个设备都有一个唯一的 IP 地址之外，网络之间还必须有传送的机制，才能将 IP 信息包通过一个个的网络传送到目的地，此种传送机制

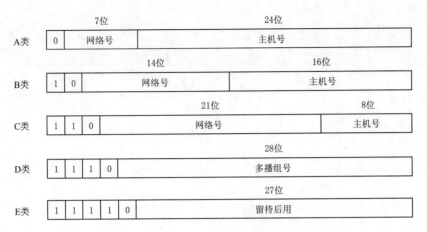

图 3-9 IPv4 地址的 5 种等级

称为 IP 路由。

　　各个网络通过位于网络层工作的路由器相互连接，路由器的功能是为 IP 信息包选择传送的路径。换言之，必须依靠沿途各路由器的"通力合作"，才能将 IP 信息包送到目的地。在 IP 路由的过程中，路由器负责选择路径，IP 信息包则是被传送的对象。路由器依靠路由协议进行计算并判断将送入路由器入端口的流量送至哪个出端口，同时路由器也可以通过路由协议将路由信息传递到其他路由器，供网络内的各个路由器做转发决策使用。

　　路由协议一般分成静态路由协议和动态路由协议两种。静态路由协议是由人工一条一条地将路由条目配置到路由器上，除非进行修改，否则不会发生变化并始终生效。动态路由协议则是网络中的路由器运行相同的路由算法，如距离向量算法、LS 算法、Dijkstra 算法等，通过交互各自的路由信息，计算并动态地形成 IP 路由。常用的 IP 路由协议包括 RIPv2、EIGRP、OSPF、ISIS、BGP 等。

### 3.2.3　封装

　　理解数据通信网的运作模式，最重要的是理解 OSI 七层模型，数据通信网的每个数据传递等都是基于一层或多层共同实现的。数据通信网的业务也是在不同的层上实现。OSI 七层模型里低的层面都是通过封装的方法实现的，想要理解数据通信网各个层级之间的互相作用，必须理解封装在 OSI 七层模型各个层级中起到的作用。

　　从图 3-10 可以看出，发送数据的一方需要在本身所处的层级将数据按协议要求传递给下一个层级，下一个层级按自身协议要求，将上一个层级传递的数据封装在协议的数据区，并且加入本身层级的数据包头，再按协议要求继续向下层传递。接收的一端，从物理层收到比特流后，按照相反的顺序逐层进行解封装的操作，最后得到需要的数据。

### 3.2.4　数据通信网业务

　　数据通信网中各类业务也是按 OSI 七层模型分层提供的，目前使用较多的有：

　　(1) 上网业务。用户上网业务基本都是基于应用层，使用浏览器、QQ 等实现，在前

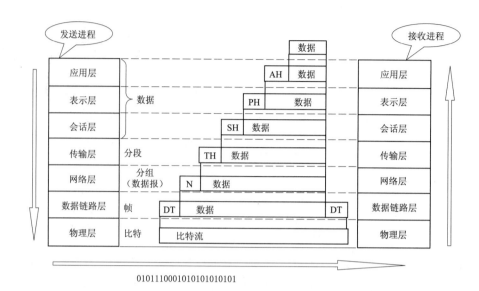

图 3 - 10　OSI 七层模型数据封装和解封装示意图

六层基本一致，在物理层可能使用光纤、网线、WiFi 等不同的物理介质。

（2）企业互联业务。部分规模较大的企业需要将不同城市甚至不同国家的分部与总部互联起来，这类企业互联业务可以基于网络层，使用运营商提供的数据通路；也可能直接在物理层，使用运营商提供的光纤等物理通路。

（3）IDC 租用业务。IDC 租用业务一般是基于物理层展开，用户租用 IDC 业务提供商的机房、机柜和光纤、网线等物理层通路。

## 3.3　移 动 通 信 网

从模拟通信时代的 1G 到万物互联的 5G，移动通信的几代发展是技术进步的结果，本节从移动通信网本身的几个网络层级划分来阐述移动通信网的网络架构。从物理层面上将不同的基础电信设备组合成不同的网络层级，这样的划分既有利于网络规划设计，可以突出相应的重点，又便于后续的网络维护和优化工作。

### 3.3.1　业务网络

从狭义上理解，移动通信网就是业务网络，这个网络层级实现了移动通信网的各项功能和各项业务，我们日常接触的上网业务、短信业务等都是在这个网络层级实现的。业务网络的各个功能实体被称为网元，2G/3G 移动通信网业务网络架构如图 3 - 11 所示。

例如：服务 GPRS 支持节点（service GPRS support node，SGSN）属于核心网范畴，负责网络连接鉴权和加密、移动会话管理、终端移动性管理、逻辑链路管理；无线网络控制器（radio network controller，RNC）属于无线网范畴，负责无线网侧移动性管理、呼叫处理、链接管理和无线切换机制。它们通过 IuPS 接口互联，通常形式是承载网

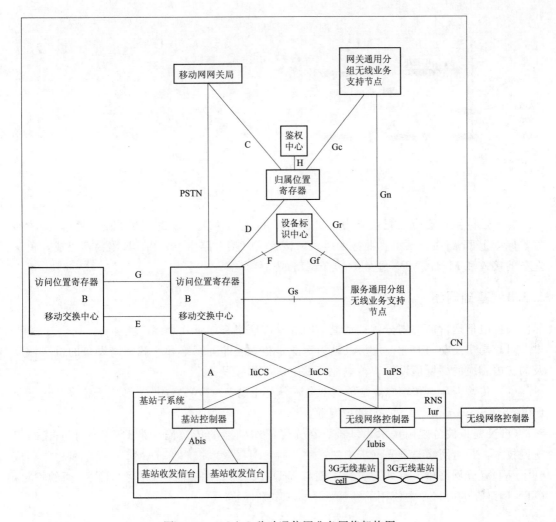

图 3-11  2G/3G 移动通信网业务网络架构图

络的 IP 网接口或者帧中继接口。

网络中各个不同功能的网元通过各类接口连接在一起组成业务网络，实现移动通信各类业务和各类功能。

### 3.3.2　承载网络

移动通信网中的业务网络中的各个网元就像是一座座的孤岛，需要从拓扑层面连接起来才能发挥相应的作用，承载网络就是起到连接各个网元、承载业务流量的作用。

为了达到网络安全要求和网络质量要求，各个运营商通常都自建一套有别于公众互联网的独立网络，规模会遍布业务需要到达的每个地点，用以满足用户移动中使用移动通信业务的需求。

以某运营商的移动通信业务承载网络为例：IP 承载网络采用分层的结构，分为骨干层和接入层，骨干层又分为核心层和汇聚层，其网络分层结构如图 3-12 所示。

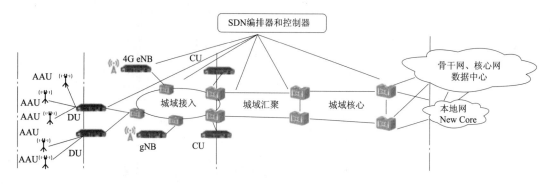

图 3-12　IP 承载网络分层结构示意图

骨干层的重点通常是冗余能力、可靠性和高速的传输，负责流量在省际和省内的转发。原则上 IP 路由器不负责业务的接入。接入层（接入路由器）由 PE 路由器组成，负责业务的接入和 MPLS VPN 组织，位于网络的边缘。

### 3.3.3　基础网络

按各电信运营商的划分，移动通信网的基础网络有如下几个网络实体：

（1）局房及动力专业。局房及动力专业是指安装业务网络和承载网络设备的机房，以及局房内相应的高低压设备、蓄电池和发电机等相应设备。

（2）传输专业。传输专业是负责密集波分复用设备（DWDM）、光传送网设备（optical transport network，OTN）的维护专业。

OTN 是以波分复用技术为基础、在光层组织网络的传送网，是 DWDM 下一代的传送网技术，是电网络与全光网折中的产物，将 SDH 强大完善的 OAM&P 理念和功能移植到了 WDM 光网络中，有效地弥补了现有 WDM 系统在性能监控和维护管理方面的不足。OTN 网络在电力行业中使用的结构如图 3-13 所示。

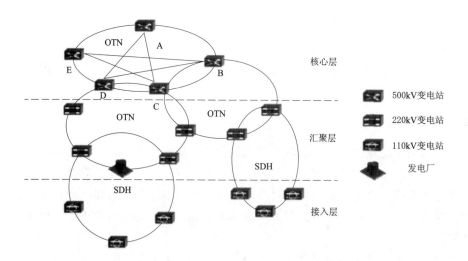

图 3-13　OTN 网络在电力行业中使用的结构图

由图 3-13 可见，OTN 不仅可提供"管道"，还具备组网功能。同时，OTN 的应用还增加了网络配置的灵活性，并能够提供网络保护、提高安全性。除了降低网络建设成本，OTN 的引入还可以改善 WDM 设备的可管理性、快速故障定位、业务保护、快速开展业务、网络碎片整理、减少备件种类、投资保护、全业务支持等能力。目前已经是电信运营商传输专业组网，特别是大带宽骨干网络的首选。

### 3.3.4 计费网络

在使用各项移动通信网业务后，运营商会出具话费账单和话费清单计量用户的使用量。由于涉及清算用户可能在各个省漫游的话费核对和计量，运营商通常会在全国建设一张计费网络，这个网络通常会设置一个或多个话费清算中心，收集用户在全国使用的话费清单，然后按照用户预先确定的套餐，对用户的话费清单进行处理，这一步在运营商被称之为批价。完成批价后会出具给客户话费账单，供客户对账和缴费使用。

同时这个计费网络还对国外运营商、增值业务合作商等合作单位进行业务清算和对账，完成双方互结算的账单出具。

# 第4章 5G 通信架构与技术

5G 具有超大带宽、超高可靠低时延、超大连接的特性。本章介绍了构建 5G 网络的实践中,从标准机构如 3GPP,到电信设备厂家、电信运营商如何选择合理的网络架构和网络技术,完成 5G 核心网、无线接入网和承载网的构建工作,能够达到 5G 通信的标准要求。

## 4.1 5G 通信技术架构

5G 网络的架构可以分为固网侧和无线侧两部分。固网侧和无线侧之间可以通过光红进行传递,远距离传递主要是由波分产品来承担,波分产品主要是通过 WDM+SDH 的升级版来实现对大量信号的承载,OTN 是一种信号封装协议,通过这种信号封装可以更好地在波分系统中传递。最后信号要通过防火墙到达 Internet,防火墙主要就是一个 NAT,来实现一个地址的转换。

固网侧:家客和集客通过接入网接入,接入网主要是 GPON,包括 ONT、ODN、OLT。信号从接入网出来后进入城域网,城域网又可以分为接入层、汇聚层和核心层。BRAS 为城域网的入口,主要作用是认证、鉴定、计费。信号从城域网走出来后到达骨干网,在骨干网处,又可以分为接入层和核心层。

无线侧:手机或者集团客户通过基站接入到无线接入网,在接入网侧可以通过 RTN、IPRAN 或者 PTN 解决方案将信号传递给 BSC/RNC,再将信号传递给核心网,其中核心网内部的网元通过 IP 承载网来承载

从移动通信技术近二十年的发展来看,移动通信的技术架构都基本上按照无线接入网、承载网和核心网进行架构的区隔,其中无线网和核心网的各个网元均为点状分布,而承载网将各个点状分布的网元连接起来,形成一个有机的整体,三者的关系如图 4-1(a)所示,其中,EPC(就是 4G 核心网)被分为 New Core(5GC,5G 核心网)和 MEC(移动网络边界计算平台)两部分。移动通信的技术架构如图 4-1 所示。

3GPP 全新定义的 5G 通信网络架构也仍然保持了这个模式。3GPP 成立于 1998 年,原目标是实现由 2G 网络到 3G 网络的平滑过渡,保证未来技术的后向兼容性,支持轻松建网及系统间的漫游和兼容性。后续这个标准化组织保留下来,为了满足新的市场需求和移动网代际发展的需要,3GPP 规范不断增添新特性来增强自身能力。为了向开发商提供稳定的实施平台并添加新特性,3GPP 使用并行版本体制,不同的版本代表了不同代移动网络,其中 5G 相关的版本如图 4-2 所示。

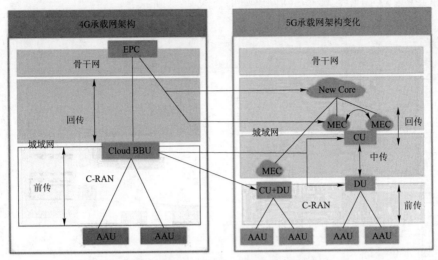

（a）骨干网与无线网、承载网和核心网的关系

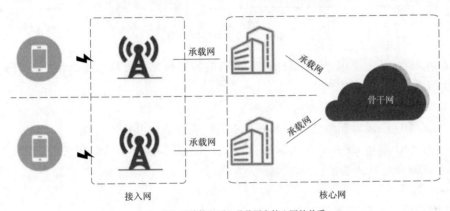

（b）无线接入网、承载网和核心网的关系

图 4-1 移动通信的技术架构

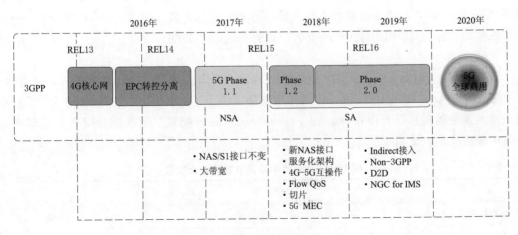

图 4-2 移动网络代际发展过程

在 3GPP REL16 中，整个 5G 网络架构如图 4-3 所示。

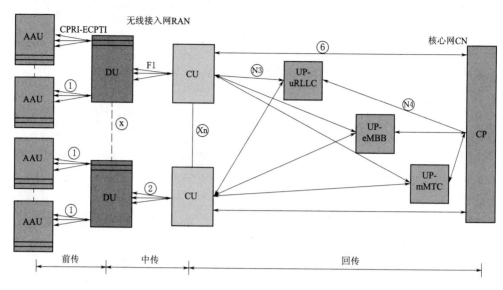

图 4-3　5G 网络架构图

根据 5G 新业务的要求，以及目前 4G 网络的发展情况，可以总结出目前 5G 网络架构各个部分的要求和架构设计考量。

1．无线接入网

（1）CU/DU 一段时间内会合并部署，中传段在一段时间内不存在。

（2）CU/DU 采用 CRAN 方式部署是方向，但依然会存在一定数量的 DRAN 场景，机房/功耗可能会是制约条件。

2．核心网

核心网采用虚拟化部署的方式。

（1）控制平面（control plane，CP）部署位置：省集中可能性最大。

（2）用户平面（user plane，UP）部署位置：初期物联网平台可能区域集中部署，增强移动宽带（eMBB）业务可能在本地网核心部署，低延时高可靠（URLLC）部署以服务较小区域为目标。UP 和边缘 DC 的部署应该有一定的相关性。

3．承载网络

5G 的承载网络面临极大挑战，既要满足传输 eMBB 业务比 4G 需要增加的带宽需求，又要考虑承载 URLLC 业务需要严格的时延限制。还要考虑各类切片需要对网络传输通道做严格的流量隔离和服务质量（quality of service）QoS 配置。需要综合以上需求选择合适的承载网技术，见表 4-1。

表 4-1　　　　　　　　　　　　4G/5G 移动通信承载网性能差异比较表

| 需求 | 5G | 4G |
| --- | --- | --- |
| 功耗需求 | 5 倍左右 | 1 倍 |
| 前传带宽需求 | 25GE/2×10GE/100GE | 2.5G/10G |

续表

| 需　求 | 5G | 4G |
| --- | --- | --- |
| 回传带宽需求 | 3G～5G | 100M～240M |
| 回传端口需求 | DU 10GE 上联端口 | BBU GE 上联端口 |
| 时延需求 | 根据业务差异明显，大量业务对时延要求并不大于10ms | 端到端大于10ms |
| 时间同步需求 | 基本需求 1.5μs | 1.5μs |
| L3需求 | 核心汇聚层 | 核心汇聚层 |
| 切片需求 | 软切片＋硬切片 | 无 |

在进行 5G 网络架构的技术选择和网络设计时，各个电信运营商必不可少地需要考虑现有网络的升级、现有资源的利用和投资保护等实际情况。比如在前期 5G 专有语音业务解决方案 VoNR（Voice over NR）还未成熟的情况下，需要继续使用 4G 语音解决方案 VoLTE（Voice over LTE）来进行网络设计；虽然 5G 无线和 4G 无线在空口上使用了不同的频率，无线网整体布局需要有较大更改，但为了保护目前基站局房的投资，加快网络的部署，降低建网成本，必须要重复使用 4G 网络基站局房。

所以在设备、技术选择和用户方案设计工作中，并不一定最新的技术就是最好的技术，需要在技术复杂度高低、成本投入大小、整体方案维护难度大小这个不可能三角中做出妥协，完成整体的方案设计。

## 4.2　5G 核心网技术

在 5G 核心网技术的选择中，3GPP 标准制定组、各电信设备制造商，各个电信运营商不约而同选择了网络虚拟化技术（network functions virtualization，NFV）来实现 5G 核心网。

虚拟化技术需求最早来源于服务器领域，随着硬件处理能力的不断提升，出现大量的高性能服务器，但由于应用专业性和隔离管理的要求，往往一台服务器运行有限的应用，造成服务器性能不能有效利用，额外的空间和用电需求，也造成维护的人工成本上升。虚拟化从广义上讲是对资源进行抽象，它可以将单个资源逻辑划分为多个资源，这些资源相互独立、互不影响，也可以由多个资源逻辑上整合成一个资源。

虚拟化，是将包括计算能力、存储容量和网络连接等服务器物理硬件，通过虚拟层和虚拟化技术，虚拟成多个虚拟机 VM（virtual machine），各 VM 间隔离。有了虚拟化，每个 VM 访问硬件资源时，都是通过虚拟化层来访问的，管理员通过虚拟化层就可以为 VM 分配资源。虚拟化技术特点如图 4 - 4 所示。

通过虚拟化，可以达到简化网络和解耦网络资源的目的，简化网络是指对硬件基础设施进行抽象和简化，以及对系统和软件等资源的访问和管理进行简化；解耦网络资源是指降低资源使用者和资源之间的耦合程度，使用者不再依赖资源的某种特定要求。

同时虚拟化对比传统网络也提供了高可用性和快速扩缩容两个优势，高可用性是指由于虚拟机 VM 已经独立于主机，当承载虚拟机的硬件主机发生故障的时候，上面运行的

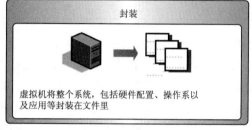

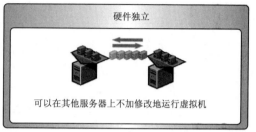

图 4 - 4　虚拟化技术特点图

VM 会自动在其他硬件主机上重启；快速扩缩容是指在虚拟化资源充足的情况下，虚拟机 VM 的数量可以快速地增加和减少，提升了网络容量的利用率。

在虚拟化技术的基础上，进一步衍生出 NFV，这是一种对于网络架构（network architecture）的概念，利用虚拟化技术，将网络节点阶层的功能分割成几个功能区块，分别以软件方式实现，不再局限于硬件架构。

目前主流的 5G 核心网都是使用了 ETSI NFV 的标准模型和 Open Stack 开源项目，由各电信设备厂家构建而成的，其主要架构如图 4 - 5 所示。

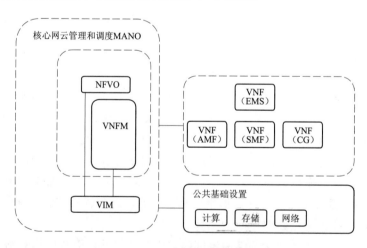

图 4 - 5　5G 虚拟化核心网架构

整个架构里最重要的就是 VNF，也就是 5G 核心网的各个网元。5G 核心网对比上一代移动通信技术 4G EPC，启用了多种新的技术特性，其中最重要的一种是基于服务的架构（service based architecture，SBA）。

1. 基于服务架构

SBA基于云原生架构设计，借鉴了IT领域"微服务"理念，将设备功能"打散"。SBA的本质是按照"自包含、可重用、独立管理"三原则，将网络功能定义为若干个可灵活调用的"服务"模块，如图4-6所示。

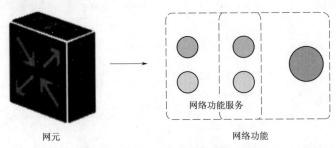

图4-6　网元服务化架构演进

基于服务架构的5G核心网架构如图4-7所示。

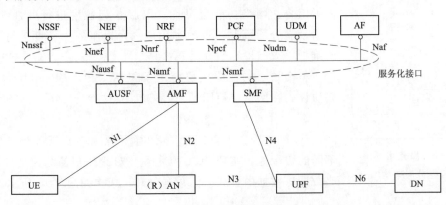

图4-7　基于服务架构的5G核心网架构

5G核心网基础架构正是基于云原生的微服务架构设计原则，以模块化、软件化的构建方式来构建5G核心网，以高效执行不同服务类型的网络切片，其优点在于：

（1）借鉴IT系统服务化/微服务化架构的成功经验，通过模块化实现网络功能间的解耦和整合，各解耦后的网络功能独立扩容、独立演进、按需部署的功能实现会比一般硬件架构更快更好。

（2）如图4-7所示，控制面所有NF之间的交互采用服务化接口，同一种服务可以被多种NF调用，降低NF之间接口定义的耦合度，最终实现整网功能的按需定制，灵活支持不同的业务场景和需求，见表4-2。

表4-2　　　　　　　　　　　　5G网元服务化接口和网络功能表

| 对外服务化接口 | 网络功能 | 中文全称 | 功能描述 |
|---|---|---|---|
| Namf | AMF | 接入和移动性管理功能 | 完成移动性管理、NAS MM信令处理、NAS SM信令路由、安全锚点和安全上下文管理等 |
| Nsmf | SMF | 会话管理功能 | 完成会话管理、UE IP地址分配和管理、UP选择和控制等 |

续表

| 对外服务化接口 | 网络功能 | 中 文 全 称 | 功 能 描 述 |
|---|---|---|---|
| Nudm | UDM | 统一数据管理 | 管理和存储签约数据、鉴权数据 |
| N3/N4/N6 | UPF | 用户面功能 | 完成不同的用户面处理 |
| Npcf | PCF | 策略控制功能 | 支持统一策略框架,提供策略规则 |
| Nnrf | NRF | 网络存储功能 | 维护已部署 NF 的信息,处理从其他 NF 过来的 NF 发现请求 |
| Nnef | NEF | 网络开放功能 | 使内部或外部应用可以访问网络提供的信息或业务,为不同的使用场景定制化网络能力 |
| Naf | AF | 应用业务 | 第三方或运营商的应用功能 |
| Nausf | AUSF | 认证服务器功能 | 完成用户接入的身份认证功能 |
| Nnssf | NSSP | 网络切片选择功能 | 完成用户接入网络切片选择功能 |

| 应用 |
|---|
| HTTP/2 |
| TLS |
| TCP |
| IP |
| L2 |

图 4-8 服务化接口
数据分层架构

5G 核心网以服务为粒度进行网络功能重构,按照需求进行能力组合,网络功能更灵活;以服务为粒度进行弹性缩扩容,按需动态分配资源,资源利用率高;以服务为粒度进行网络功能维护,故障检测快,易于恢复。

整个核心网在应用层使用了包括 JSON、Protobuf 等编解码协议,在网络层使用了 IP 协议,具体架构如图 4-8 所示。

2. 计算与存储分离架构

5G 核心网借助 NFV,将计算资源和存储资源分开成两个不同的资源池,实现了 5G 核心网中处理用户签约数据、用户策略数据等数据内容和存储数据分开,架构如图 4-9 所示。

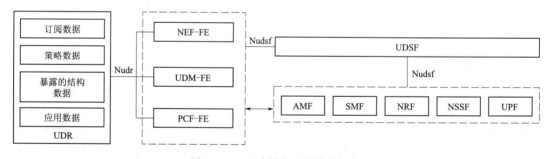

图 4-9 5G 计算与存储分离架构

这里使用了两种数据存储功能:UDR 用于存储结构化数据,给 UDM、NEF、PCF 使用;UDSF 用于存储非结构化数据,给任意 NF 使用。结构化数据是预先定义数据模型预协商的数据组织,非结构化数据由各个 NF(如 AMF、SMF、NRF 等)自定义、自解析,数据更加丰富,无须和其他 NF 协商预定义。

使用计算与存储分离架构的另一个好处是 5G 网元的无状态(statusless)架构部署。这种计算与存储分离的架构的好处一个是任何一个或多个业务处理实例故障,用户会话不受影响(因为用户会话与业务处理实例是分离的);系统容量随新建实例自动恢复,因为存储的数据可以无损接续使用，容量不受影响，更好满足 5G ultra Reliable 场景要求；另一个好处是通过 UDSF 提供的数据共享，天然支持容量弹性扩缩功能；无需额外数据迁移时间，更快（秒级）响应业务负荷剧变；更好满足 5G 海量大连接（mMTC）场景业务流量峰时激增需求。

3. 控制面与用户面分离架构

5G 架构实现 URLLC 业务的严格时延限制，最重要的是控制面和用户面分离架构，其基本架构如图 4-10 所示。

信令平面汇聚了各类处理信令的网元，包括 AMF、SMF、UDM、NRF 等，简化运维服务化架构利于敏捷运维。

放到各个城市的用户平面网元 UPF 承载了 75% 的本地流量，无缝移动业务锚点，流量在本城市内进行处理和转发，才能满足 5G 业务时延要求。

下沉到用户工业园区或者学校的 UPF 可以带给用户体验 20 倍提升，是 3GPP 原生 MEC 边缘计算能力。

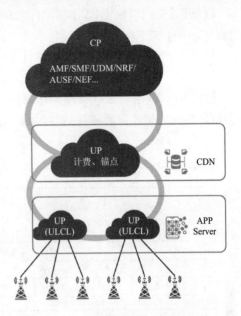

图 4-10 控制面与用户面分离架构

以往电信网的演进，多是网元功能的拆解和升级，网络功能虚拟化将网元功能和硬件资源解耦，实现了系统功能软件化和硬件资源通用化，是电信网深刻革新技术。从 3.1 电话交换网的技术演进可以看出电话交换网的两个演进趋势：一是控制和媒体的分离趋势，二是网元功能软件与运行资源的分离，如图 4-11 所示。

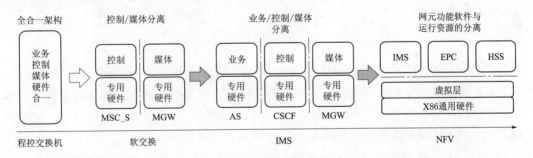

图 4-11 电话交换网的技术演进

对通信运营商，网络功能虚拟化有以下好处：

（1）硬件通用化资源可共享。有利于资源池化，便于集中化运营，电信网元软件化，有利于网络结构灵活调整。

（2）网元软件化使得业务新增、变更、扩容和缩容更灵活。

（3）引入资源管理高效灵活调度。引入 MANO 系统实现网元资源灵活调度，提升运营效率。

（4）网络更开放。灵活的业务部署叠加高效的调度，网络能力更开放，可快速响应客户需求。

目前通行的 ETSI NFV 网络架构如图 4-12 所示。该标准架构左边的部分是网元虚拟化部分，从上到下可以分成三层：

（1）OSS/BSS 及协同层，主要负责业务支撑及运营支撑和虚拟化网络功能协同。

（2）VNF 层，即是虚拟化网元功能层，虚拟化的网元就运行在这一层。

（3）Nf-Vi 层，云计算虚拟化资源架构层，虚拟化资源池，目前主流是 Open Stack、KVM，相应的硬件资源池包括各种服务器、存储设备和路由交换设备。

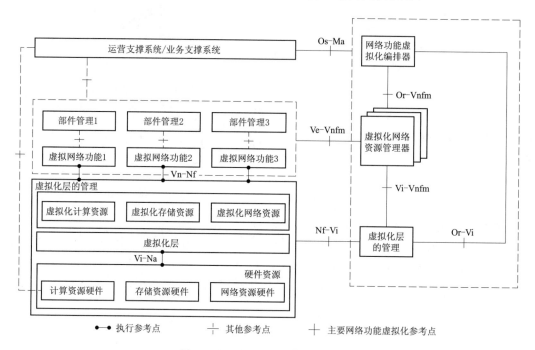

图 4-12　ETSI NFV 的网络架构

ETSI NFV 架构的右边部分被统称为 MANO（NFV management and orchestration），它是 NFV 的大脑，将网络业务、应用、虚拟化资源有机地串联起来，实现应用部署和管理的自动化。MANO 由三个组件组成，分别是 NFVO（NFV orchestrator）、VNFM（VNF manager）和 VIM（virtualized infrastructure manager）。

（1）NFVO，负责全局资源视图管理，全局资源调度，网络故障管理和网络服务、虚链路、网络拓扑管理。

（2）VNFM，负责 VNF 的全生命周期管理，包括 VNF 软件包及模板管理、VNF 实例管理、VNF 监控和 VNF 故障管理。

（3）VIM，负责硬件资源管理、虚拟化资源管理、硬件资源监控、虚拟化资源监控、硬件资源故障管理和虚拟化资源故障管理。

现阶段主流的电信设备制造商都是使用开源的云计算操作系统 Open Stack 技术方案构造各自原生的 5G 虚拟化网元。

Open Stack 云平台管理的项目由几个主要的组件组合起来完成一些具体的工作，是一个旨在为公共及私有云的建设与管理提供软件的开源项目。它的社区拥有超过 130 家企业及 1350 位开发者，这些机构与个人将 Open Stack 作为基础设施即服务资源的通用前端。Open Stack 项目的首要任务是简化云的部署过程并为其带来良好的可扩展性。

Open Stack 的各个服务之间通过统一的 REST 风格的 API 调用，实现系统的松耦合。它内部组件的工作过程是一个有序的整体，诸如计算资源分配、控制调度、网络通信等都通过 AMQP 实现。Open Stack 的上层用户是程序员、一般用户和 Horizon 界面等模块。这三者都是采用 Open Stack 各个组件提供的 API 接口进行交互，而它们之间则是通过 AMQP 进行互相调用，它们共同利用底层的虚拟资源为上层用户和程序提供云计算服务。主要功能组件如图 4 - 13 所示。

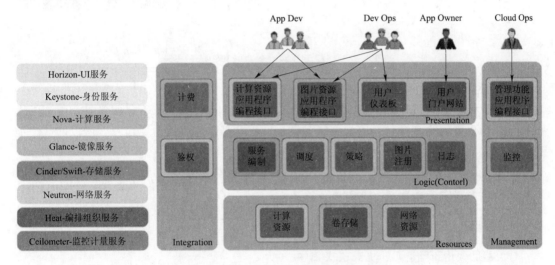

图 4 - 13　Open Stack 的主要功能组件

# 4.3　5G 无 线 网 技 术

5G 无线网的标准随着 3GPP 标准逐渐发展，在 R16 版本满足网络切片等所有功能，如图 4 - 14 所示。

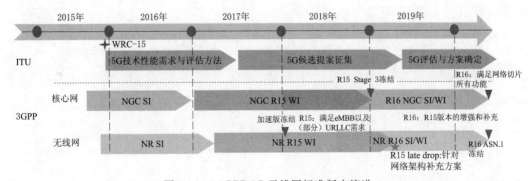

图 4 - 14　3GPP 5G 无线网标准版本演进

5G 无线网逻辑功能和实体形态如图 4-15 所示。

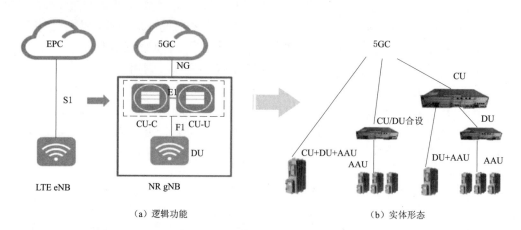

（a）逻辑功能        （b）实体形态

图 4-15   5G 无线网逻辑功能和实体形态

逻辑设计中，NR 基站 gNB 将分为 CU 和 DU 两个功能实体：CU 承担 RRC/PDCP 层功能，DU 承担 RLC/MAC/PHY 层功能。不同的逻辑网络服务于不同的场景，因为需求多样化，所以要网络多样化；因为网络多样化，所以要切片；因为要切片，所以网元要能灵活移动；因为网元灵活移动，所以网元之间的连接也要灵活变化。

依据 5G 提出的标准，CU、DU、AAU 可以采取分离或合设的方式，所以，会出现多种网络部署形态，如图 4-16 所示，依次为：

（1）与传统 4G 基站一致，CU 与 DU 共硬件部署，构成 BBU 单元。

（2）DU 部署在 4G BBU 机房，CU 集中部署。

（3）DU 集中部署，CU 更高层次集中。

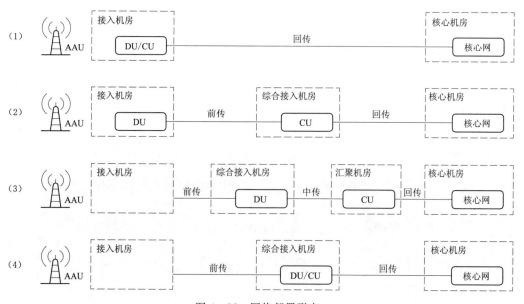

图 4-16   网络部署形态

（4）CU 与 DU 共站集中部署，类似 4G 的 C-RAN 方式。

回传、中传、前传，是不同实体之间的连接。部署方式的选择，需要同时综合考虑多种因素，包括业务的传输需求（如带宽、时延等因素）、建设成本投入、维护难度等。5G 无线网技术中，最重要的是 5G 空中接口的技术，目前 5G 空中接口技术架构如图 4-17 所示。

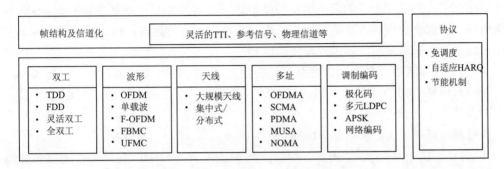

图 4-17　5G 空中接口技术架构图

## 1. 灵活双工技术

随着在线视频业务的增加，以及社交网络的推广，未来移动流量呈现出多变特性，上下行业务需求随时间、地点而变化，目前通信系统采用相对固定的时频资源分配将无法满足不同小区变化的业务需求。灵活双工能够根据上下行业务变化情况动态分配上下行资源，有效提高系统资源利用率，如图 4-18 所示。

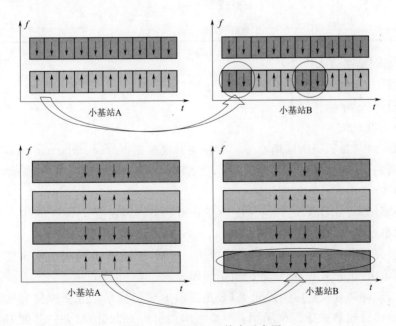

图 4-18　灵活双工技术示意图

## 2. F-OFDM 技术

F-OFDM（filtered orthogonal frequency division multiplexing，子带滤波的正交频分

复用）是由某企业提出的一种 5G 新空中接口多载波波形调制技术，它通过子带滤波器组把整个系统带宽划分为多条子带，每条子带可以根据实际应用场景灵活配置波形参数。F－OFDM 不仅继承了 OFDM 的优点，而且克服了 OFDM 带外泄漏比较高、波形参数不够灵活和异步信号传输性能差的缺点。

OFDM 技术避免多径衰落能力强，频谱效率高，实现也较为简单，广泛应用于 4G LTE、LTE－A 等系统中。但该技术中的基带波是很容易受到干扰的方波，而 5G 无线网络系统中，要求单位达到吉赫的带宽，从而实现极高速率的数据传输，然而在频率较低的频率区域中，得到不间断的频谱资源较为困难。

在 OFDM 体系中，各个子载波在时域彼此正交，它们的频谱彼此堆叠，因而具有较高的频谱运用率。OFDM 技术一般应用在无线体系的数据传输中，在 OFDM 体系中，因为存在多径效应，无线信号通过多条路径传播，最终到达接收端的时间不一致，导致接收到的信号存在码间串扰，影响信号的质量。

5G 的波形在 OFDM 的基础上，对波形增加滤波器，FBMC 是对每个子载波加滤波器，能够实现带外频率扩展的降低。

4G（OFDM）载波带宽是固定的 15kHz，5G（F－OFDM）子载波带宽是不固定的，可以灵活针对不同 QOE 应用的报文大小。具体区别见表 4－3。

表 4－3　　　　　　　　　　OFDM 与 F－OFDM 技术区别表

| 项　　目 | OFDM | F－OFDM |
|---|---|---|
| 业务自适应 | 固定子载波间隔<br>固定 CP | 灵活子载波间隔<br>灵活 CP |
| 高的频谱利用率 | 10% 保护带宽 | 1 个子载波的最小保护带宽 |

**3. 新的调制编码技术**

3GPP Rel15 版本定义了 eMBB 场景的编码：

控制信道：Polar 码；

业务信道：LDPC 码。

（1）Polar 码与卷积码的区别在于：在相同的块差错率（block error rate，BLER）条件下，Plar 码的信躁比（signal noise ratio，SNR）要求比卷积码更低。

（2）LDPC 与 Turbo 码的区别。

1）低码率场景：LDPC 的译码速度与 Turbo 码的译码速度差不多。

2）高码率场景：LDPC 的译码速度比 Turbo 码的译码速度高很多。

译码速度高可以提升峰值速率，降低功耗。针对 5G 业务高速率、大带宽、低功耗的特点，LDPC 能更好地满足 5G 业务的数据译码要求。

5G 兼 LTE 调制方式同时引入比 LTE 更高阶的调制技术，进一步提升频谱效率。当前版本最大的调制效率支持 256QAM，后续版本会引入 1024QAM 进一步提升频谱效率。

**4. 5G 网络频谱**

增加带宽是增加容量和传输速率最直接的方法，5G 最大带宽将会达到 1GHz，考虑到目前频率占用情况，5G 将不得不使用高频进行通信，所使用频谱如图 4－19 所示。

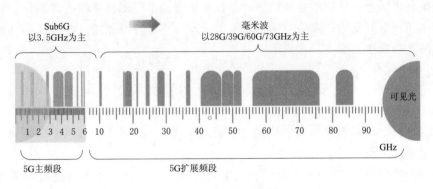

图 4-19　5G网络频谱图

但是这么高的频段，也带来了信号传播损耗的问题。

（1）自由空间传播损耗随频率变高呈对数级增加。

（2）高频段的穿透损耗远远大于低频段。比如对于一堵水泥外墙，28GHz 的穿透损耗要比 2GHz 大 20dB 左右。

（3）高频的衍射和绕射能力都弱于低频。

（4）高频段信号雨衰大于低频段信号，雨量越大差距越明显。

5. Massive MIMO 技术

Massive MIMO（massive multiple input multiple output）是多天线技术演进的一种高端形态，具有波束赋型和窄波束的特性，能够实现三维波束赋型和多用户资源复用，是 5G 网络提升速率、降低网络干扰的一项关键技术。Massive MIMO 利用 MIMO 技术并使用数十根甚至上百根天线将传统 MIMO 天线系统扩展为大规模天线阵列，从而利用大规模天线阵列所提供的波束赋形技术聚焦传输和接收信号的能量到有限区域来提高能量效率和传输距离，并利用 MIMO 空间复用技术提高传输效率。

MIMO 技术是一种将天线分集和空时技术相结合形成的特定技术，MIMO 技术运用天线分集中的发射分集和接收分集技术，还将信道编码结合，对提升系统性能有很大优势。

MIMO 技术现已广泛应用于 WiFi、LTE 等。理论上，天线越多，频谱功率和传输可靠性就越高。大规模 MIMO 技能能够由一些并不贵重的低功耗的天线组件来完成，为完成在高频段上进行移动通信提供了宽广的远景，它能够成倍提高无线频谱功率，增强网络掩盖和体系容量，协助运营商最大极限运用已有站址和频谱资源。以一个 20cm$^2$ 的天线物理平面为例，假如这些天线以半波长的距离摆放在一个个方格中，则：假如作业频段为 3.5GHz，就可布置 16 副天线，如图 4-20 所示。

采用 Massive MIMO 技术是挖掘无线空间纬度资源、提高频谱资源利用率和功率利用的基本途径，而 MIMO 技术

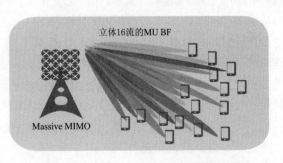

图 4-20　Massive MIMO 技术示意图

则可以提供分集增益、复用增益和功率增益，分集增益可以提高系统的可靠性，复用增益可以支持单用户空间复用和多用户的空分复用，而功率增益可以通过波束成形和波束控制提高系统的功率效率。

# 4.4　5G 承载网技术

5G 承载网作为 5G 网络的基础设施之一，对于实现 5G 网络的高速、高效和可靠运行起着至关重要的作用。

5G 承载网终端总体上分为接入层、汇聚层和核心层三层，接入层又可区分为综合业务接入节点和末端业务两类。承载网与 5G 网络的前传、中传、回传不完全对应，但可以满足 5G 网络部署灵活性的需求。承载网两大层面的技术手段不强求端到端的同一性，但希望利用 SDN 技术实现网络业务端到端的编排。5G 承载网架构如图 4-21 所示。

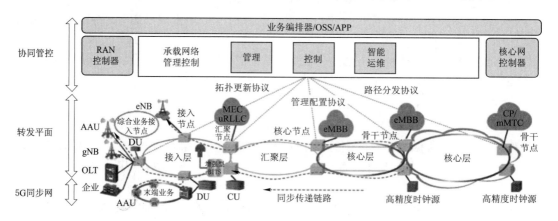

图 4-21　5G 承载网架构

5G 核心网分布式部署等都对承载网提出强三层的功能需求，目前主要有基于 IPRAN 网络演进的 IPRAN 承载方案和 PeOTN 承载方案。

IPRAN 承载方案沿袭 4G 承载方案，网络的开放性、兼容性和产业成熟度更强，也便于与核心汇聚层的 IP 网络统一管理。但硬管道、宽带等业务接入可能还需要建设 WDM/OTN。PeOTN 承载方案是城域核心汇聚层 OTN 网络的延伸，可实现多业务综合接入（移动基站、OLT 上联、大客户等），支持分组业务、分组透传业务以及传统 TDM 业务。一般来说 PeOTN 会和 IPRAN 混合组网。

IPRAN 技术是一种以路由器为搭载工具而形成的 IP 化的移动网络，尽管搭建 IPRAN 网络的最初原因是我国的网络运营商为了更好地开展 4G 网络的建设工作，但由于其独特的技术特点，IPRAN 技术在对于移动网互联网络的综合业务开展承载能力等方面具有其独特的优势，非常有利于与大客户的合作发展。

在进入 5G 时代后，IPRAN 技术也从 1.0 发展到 2.0 版本，采用 FlexE 进行端口级物理隔离，业务承载协议从 MPLS LDP 向 SR/EVPN 演进等关键技术，可以快速实现 5G 基站开通，并可实现业务从 MPLS LDP 向 SR/EVPN 承载方式演进。具体技术发展情况如下：

（1）采用 EVPN L3VPN 业务替代 HoVPN 方式，承载 5G 业务三层网络到边缘；采用 EVPN L2VPN 业务替代 VPWS/VPLS 方式，承载 L2 专线业务。

（2）采用 SR 协议（segment routing）替代 LDP/RSVP 作为隧道层协议。

（3）采用 Flex－E 技术实现网络切片。

（4）采用 SDN 技术实现网络的智能运维与管控。

IPRAN 技术组网架构如图 4－22 所示。

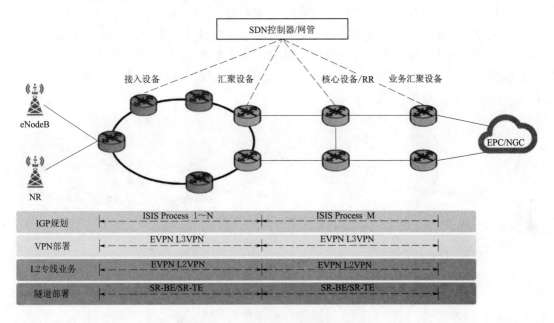

图 4－22  IPRAN 技术组网架构图

PeOTN 技术是在 OTN 网络功能的基础上，增加 SDH 层、MPLS－TP 层和以太网层的网络功能，具有对 TDM（ODUk 和 VC）业务、MPLS－TP 包、以太网业务、ODUk 业务和波长的交换调度能力，并支持多层间的层间适配和映射复用，实现对分组（MPLS－TP 或以太网）、OTN、SDH、波长等各类业务的统一和灵活传送功能，并具备传送特征的 OAM、保护和管理功能。PeOTN 技术通常和 IPRAN 技术混合组网，用以做 5G 承载网，具体组网架构如图 4－23 所示。

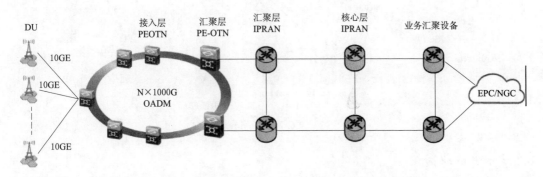

图 4－23  PeOTN 技术和 IPRAN 技术混合组网架构

# 4.5　5G 的基础电信业务实现

## 4.5.1　数据业务

5G 具备的超大带宽、超高可靠性低时延等特征都是针对数据业务的特性。同时 5G 商业进展是 eMBB 自然演进率先商用，mMTC 开始孵化，uRLLC 待培育。

以用户上网业务为例，用户终端产生的控制面信令通过承载网传送至 5GC 控制面处理，用户的上网业务流量通过承载网传送至本地的用户面 UPF 处理，然后将流量送至公众互联网。公众互联网上的服务商或者 App 业务提供商服务器处理过后再将数据原路送回用户手机终端，如图 4-24 所示。

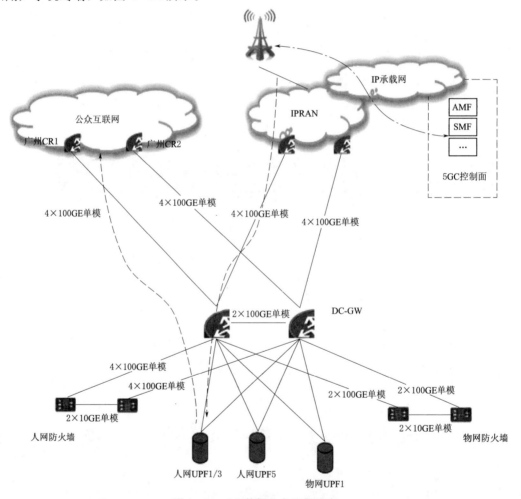

图 4-24　5G 数据业务流量流向

## 4.5.2　语音业务

5G 网络内语音业务解决方案主要有 VoNR、EPS Fallback、CSFB 三种，其中只有

VoNR 是 5G 语音原生解决方案，其他均是在 4G 网络使用语音业务的方案延续。它们在不同业务场景之间的异同比较见表 4-4。

**表 4-4　　　不同语音业务解决方案在不同业务场景之间的异同比较**

| 场景 | VoLTE 部署状况 | NR 能 力 | 终端能力 | 方案选择 | 用 户 体 验 |
|---|---|---|---|---|---|
| 场景一 | 现网已经部署 VoLTE | NR 支持语音能力 | 终端支持 PS Voice | VoNR | 呼叫建立快，不易中断；语音呼叫的同时数据业务保持高速传输 |
| 场景二 | 现网已经部署 VoLTE | NR 仅热点覆盖，支持语音回落到 EPS；或 NR 不支持语音能力，仅支持语音回落到 EPS | 终端支持 PS Voice | EPS Fallback | 呼叫建立需要先回落到 EPC，建立时延长；呼叫完成重选入 5G，兼顾语音和数据业务 |
| 场景三 | 现网未部署 VoLTE | 无关 | 终端语音优先 | CSFB | 终端域选择到 4G，呼叫建立需要先回落到 2G/3G |
| 场景四 | 无关 | 无关 | 终端不支持 PS Voice 语音为中心 | CSFB | 终端域选择到 4G，呼叫建立需要先回落到 2G/3G |

目前绝大部分运营商都是先使用 EPS Fallback 承载 5G 语音业务，在终端和网络成熟后，逐步推广 VoNR 语音方案。

5G 网络支持语音业务都需要 IMS 系统支持，IMS 由 R5 引入到 3G 的体系之中，作为 3G 的核心网的体系架构，旨在为 3G 用户提供各种多媒体服务。实质上 IMS 的最终目标就是使各种类型的终端都可以建立起对等的 IP 连接，通过这个 IP 连接，终端之间可以相互传递各种信息，包括语音、图片、视频等；因此，可以说 IMS 是通过 IP 网络来为用户提供实时或非实时端到端的多媒体业务，具体系统架构如图 4-25 所示。

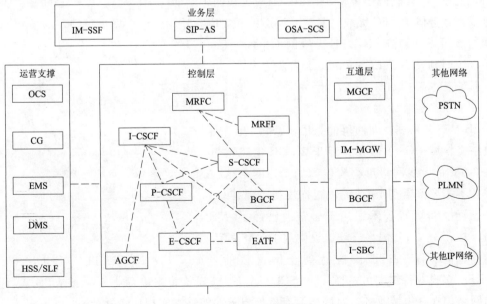

图 4-25　IMS 系统架构

**1. EPS Fallback 语音解决方案**

5G 建网初期，运营商普遍采用了 EPS Fallback 语音解决方案，利用现有已经成熟的 4G VoLTE 语音解决方案，在客户拨打或接听电话时，通过网络重选使用户回落 4G 网络，然后再进行语音呼叫流程，这样虽然会提升一定的接续时延，但在 5G 网络覆盖优势无法体现的初期，语音业务质量较好，同时也保护了运营商 4G 的投资，成本较低。这个解决方案主要特点为：

（1）网元改造。IMS 系统做少量改造支持 5G 无线接入，复用 5G 核心网；无线网暂不开启音视频 QoS 能力，避免通话中的频繁切换；5GC 初期兼容现网 Gx/Rx 接口，减少现网 DRA 改造；重用数据业务互操作接口，实现 5G 创建媒体语音流时向 4G EPS 的回落。

（2）业务体验。终端通过 5GC/NR 注册到 IMS，创建媒体流时 NR 触发回落 LTE；呼叫建立时延和 VoLTE 相比增加约 400ms。

具体技术架构如图 4-26 所示。

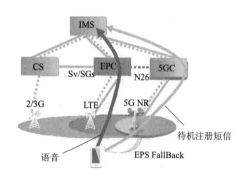

图 4-26  EPS Fallback 技术架构图

**2. VoNR 解决方案**

在 5G 无线网络覆盖逐步成片连接，能够体现出 5G 覆盖优势的情况下，移动终端也开始逐渐支持 VoNR 功能，这时就可以逐步启用 5G VoNR 解决方案，5G VoNR 解决方案同样使用了 IMS 系统承载语音通话。这个解决方案的主要特点为：

（1）网元改造。5G 无线网开启音视频 QoS 能力，并针对音视频进行网络优化；启用 Npcf 接口，SMF Gx 接口升级为 N7；IMS Rx 接口升级为 N5；复用数据业务 N26 互操作接口，实现 5G 无线网边缘切换到 4G LTE 无线网不断话。

（2）业务体验。5G 无线网覆盖下 VoNR 方式建立呼叫，语音质量较好，移动到 5G 无线网边缘可以切换到 4G LTE 无线网不中断通话；通话接续时延要小于 EPS Fallback 解决方案。

具体技术架构如图 4-27 所示。

**3. CSFB 解决方案**

FB 是 Fall Back，即回落的意思，CSFB 就是回落电路交换域。CSFB 技术适用于 2G/3G 电路域与 TD-LTE 的无线网络重叠覆盖的场景，网络结构简单，不需要部署 IMS 系统，能有效利用现有 CS 网络投资；SRVCC 技术适用于运营商已部署 IMS 网络，在 TD-LTE 网络已经能提供基于 IMS 的语音业务，但 TD-LTE 没有达到全网覆盖的场景；TD-LTE/TD-SCDMA/GSM

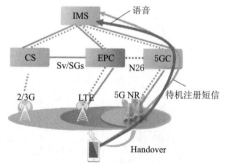

图 4-27  VoNR 技术架构图

（GPRS）多模双待终端可选择 TD-SCDMA/GSM 模式建立语音业务，选择 PS 域当前附着的网络建立分组域业务，对网络没有额外要求，但终端实现比较复杂。

### 4.5.3 短信业务

近几年随着微信的普及，移动手机用户发送短信量大幅下降，但由于短信由运营商网络承载、安全可靠性显著高于开放互联网上的各类消息，常用的互联网业务均通过短信方式下发验证码进行认证，推动了行业短信快速增长，2018 年国内短信业务量同比增长14％，5G 时代短信业务仍将保持广泛的应用。

5G 短信业务解决方案与 4G 基本一致，使用了通过 IMS 系统收发短信，SMS over IP，解决方案技术架构如图 4-28 所示。

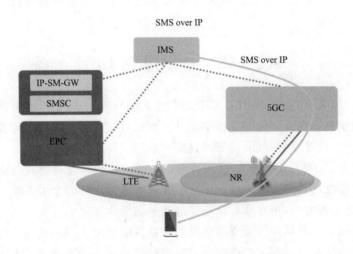

图 4-28　SMS over IP 解决方案技术架构图

图 4-28 中，现有短信中心（SMSC）通过新增 IP 短消息网关（IP-SM-GW）接入IMS 网络，实现基于 IMS 网络的 IP 短消息服务。

IP-SM-GW 负责接收 IMS 域的始发短消息，通过 SMS-GMSC/SMS-IWMSC 服务转发给短信中心处理，同时将来自 SMSC 的短信通过 IMS 系统传送给 5G 核心网、无线网直至发送给用户终端。

# 第5章　5G通信技术赋能

5G时代的到来将为市场的发展带来天翻地覆的改变，市场内各个行业的发展均会发生变革。

## 5.1　5G三大应用场景

5G三大应用场景分别是eMBB、URLLC以及mMTC。其中"增强移动宽带"最直接的表现就是网速翻倍提升，能够支持4K、8K高清视频流畅播放，为虚拟现实、增强现实、8K电视、云游戏等提供可能；"低时延高可靠"主要应用在车联网、工业控制、远程医疗、能源等行业；"海量大连接"也就是海量物联网，能够促进垂直行业融合，主要面向智慧城市、智能家居、环境监测等以传感和数据采集为目标的应用需求。

"增强型移动宽带"，是指在现有移动宽带业务场景的基础上，对于用户体验等性能的进一步提升。比如说，近年来各大直播场景越来越多地使用了5G技术，5G技术不需要再额外安装设备，检阅花车上有一个小小的"5G背包"，里边装着高度集成编码器和5G的模组，通过与摄像机简单连线，就能和附近现成的5G基站实时传送信号。这就是5G直播的第一个优势——灵活。第二个优势，是高清。在直播里，这个优势更加明显。比如排球比赛，现在可以选择8K超高画质的球赛了。这个清晰度，简直就像在现场看比赛一样，而且，可以多视角观看，随时切换自己喜欢的视角。通过5G技术，就连珠穆朗玛峰上的风景，都能用VR眼镜观看了，真的就像置身于珠穆朗玛峰的冰天雪地之中一样。

"低时延高可靠通信"，主要面向那些有特殊应用需求的业务，比如无人驾驶、智慧工厂、远程医疗等需要低时延、高可靠连接的业务。这些需求，对高稳定、低延迟的要求极为苛刻，即使是我们肉眼察觉不到的延迟情况，在这些场景下也可能会造成"失之毫厘，谬以千里"的后果。如在智慧工厂里，由于每台机器都安装了传感器，信息通过传感器传输到后台，再由后台下指令给传感器，这些过程都需要低延迟的传输，否则就会出现安全事故。

"海量大连接"也就是海量物联网，指的是5G能够掌控各种可联网的物品，包括能源、家具、灯具、家电等。5.3节中讲述的智慧家庭能源、智能家居就是典型的海量大连接物联网应用场景。

其实，大数据与人工智能是早就出现的概念，但是在4G时代，4G与大数据、人工智能的结合仅仅存在于理论之中。它们结合的基础，一是足够庞大的数据量，二是数以亿计的设备连接，只有5G技术才能做到。5G就是新一代信息高速公路，用最快的车速、最充足的车道，将海量数据和信息及时传递到目的地——人工智能的云端大脑，帮助它完成自我学习和进化，变得更接近"人类智能"，可以思考问题和控制行动，帮助人类完成各类工作。而且数据越多，就能越快速地分析、满足人们的需求。数据足够多且传递速度足够快时，就能形成足够有效的模型，帮助更快地解决以后遇到的类似问题。说到底，人工智能、云计算、大数据都已经存在很久了，只是在5G技术出现以后，它们才能够流畅地合作运转起来。

云端处理海量数据的成本确实非常高，所以并不是所有数据都放在云端集中处理，这时还需边缘计算技术辅助。边缘指的是分散的设备终端近旁，是相对于集中的云端而言的。边缘的终端最靠近数据源，用来处理数据有显而易见的好处：不需要长距离传递数据，没有延迟问题，响应更快；减少传递过程中的损耗数据，可靠性更高；能够加强数据安全保护特别是用户隐私；记住用户的使用习惯，有助于实现个性化定制服务。

因为5G有高速率、大容量和低时延特性，可以将云端和终端串联在一起，形成"云端—5G—终端"的系统平台，为人工智能技术在各个领域的应用保驾护航。在5G技术的帮助下，越来越多的物品更加"通情达意"、灵活便捷地为人所用。人类和万物，就这样借助无形的高速网络道路，畅通无阻地连接到了一起。

5G打造跨行业融合生态，将和大数据、云计算、人工智能等一道，迎来信息通信时代的黄金十年。每一次通信技术的升级演进，都将带来产业发展的颠覆性变革。面对5G带来的新机遇和新挑战，构筑世界领先的信息基础设施，推动"互联网＋"在经济社会各领域的创新应用，已成为新时代赋予信息通信业的新使命。5G网络，将人与人的连接，推广到物与物、人与物的连接。5G的低时延、高带宽和大连接的三大特性带来了移动通信领域深刻的变革，在传统考虑人与人之间连接的同时加入了人与物、物与物之间的连接内容。同时，5G还将渗透到物联网、车联网、工业和能源等垂直行业，与工业设施、交通工具以及各类行业终端深度连接，有效地满足交通、工业、能源和医疗等行业各类业务差异化的需求，真正实现万物互联。5G构建"以用户为中心的"通信生态系统，其总体愿景如图5-1所示，5G可以为个人和行业用户提供更便利和身临其境的定制化信息服

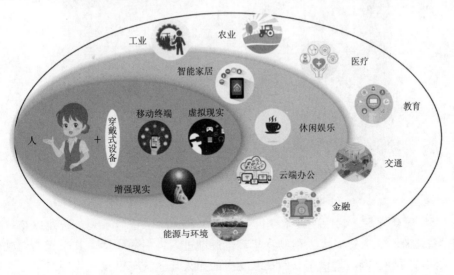

图5-1　5G总体愿景

务，通过人与物以及物与物的智能连接，优化各类服务水平，加速垂直行业信息化和自动化发展进程，满足企业发展转型需求，最终实现 5G 改变社会。为了满足相关应用场景的需求，5G 网络将具备比 4G 网络更高的性能。5G 之所以相比之前的移动通信有了显著的进步，主要因为 5G 采取了各类先进的通信技术，如网络切片、边缘计算、频谱、基站。

## 5.2　5G 与 自 动 驾 驶

"8 点，你走出家门，打开已经等候在路边的无人驾驶汽车车门。车辆是根据当天的出行计划提前预订的。车辆行驶前汽车收集了计划行驶道路所经过的所有红绿灯开启、关停时间，在安全驾驶、准点到达的前提下，准确计算了汽车时速，尽可能做到全程不出现停车且车速平稳。9 点，汽车平稳停在公司大楼门口。下车关闭车门后，随即收到了系统下发的本次行程记录，包括上下车时间、行驶路线、里程等信息，并附上了本次乘车的费用清单。此时，汽车已经自动驶离预定目的地，向下一个预订乘客上车点驶去。"

如图 5-2 所示的无人驾驶汽车利用环境感知系统来感知汽车的周围环境并根据感知所获得的道路状况、汽车位置和障碍物信息等，规划合适的行驶路径，控制汽车的行驶方向和速度，从而实现安全、可靠行驶。无人驾驶汽车是传感器、计算机、人工智能、无线通信、导航定位、模式识别、机器视觉、智能控制等多种先进技术融合的综合体。无人驾驶汽车可以让人们实现在行进的汽车内随时随地购物和支付，其应用场景包括网上商场、快餐店、加油站及停车场等。另外，无人驾驶汽车利用无线通信技术和网络技术，可以开展文件传输、视频对话、会议交流等，从而成为移动的办公室。无人驾驶汽车是汽车智能化、网联化的终极发展目标，是未来汽车发展的方向。

图 5-2　无人驾驶汽车

进入 5G 时代之后，物联网技术变得越来越成熟。除了智能手表、智能冰箱等简单的物联网设备之外，无人机、无人驾驶汽车等也逐渐进入人们的生活。其中无人驾驶汽车是人们最关注的高科技产品，由车联网技术支撑的无人驾驶汽车可以利用网络自己在路上行驶，如图 5-3 所示。

图5-3  无人驾驶汽车行驶在路上

5G就像是一种催化剂,将加快物联网、大数据、云计算、人工智能等高新技术的深度融合,使智慧交通的发展步入快车道,整个交通行业将迎来前所未有的变革。车联网是近年来的热点技术之一,得益于5G超低时延、超高传输带宽、超大连接等特性,车联网技术"安全"和"智能"两大主线得以快速发展。车联网通过新一代信息通信技术,实现车与云平台、车与车、车与路、车与人、车内等全方位网络连接,实现了车内网、车际网和车载移动互联网进行的融合。无人驾驶汽车能将无线通信网络与车载设备进行互联,通过实时信息与数据的共享,感知并掌握周边驾驶环境的安全性与可靠性,可以保障交通安全。同时,依靠人工智能技术,对人类视觉进行计算,让汽车在没有驾驶员操控时,自动躲避障碍物安全前进,实现汽车行驶中的无人驾驶功能。此外,还可根据需要自动检索周边停车信息以提供智慧停车功能,并根据对数据的一体化管理提供更多的服务。

汽车无人驾驶功能中最关键的因素就是时延(反馈快慢),它关系着乘客的生命安全。无人驾驶汽车在遇到意外情况时,哪怕晚刹车1s,都有可能造成人员伤亡。因此,要想让无人驾驶汽车有足够的安全性,其时延就必须降到毫秒级。从目前来看,能够达到这个时延要求的只有5G技术。目前采用的4G通信技术平均网络时延约为50ms,试想时速100km的汽车,从发现障碍到启动制动系统仍需至少移动1.39m,这是不能达到无人驾驶的安全性要求的。而5G的时延可以达到1ms,时延导致的安全性问题可以迎刃而解。另外,无人驾驶汽车需要实现车与车、车与人、车与路等的互相通信,其间会收集、处理并共享海量的信息。英特尔公司发言人表示,他们预期无人驾驶汽车每秒产生的数据量为0.75GB,如此海量的信息的实时传送是一个难题,而5G的增强型移动宽带支持0.1G~1Gb/s的用户体验速率,完全可以支撑该业务的需求。

在整个智慧交通体系中,不仅仅无人驾驶汽车需要采集信息,大量的电子感应设备、雷达、智能RSU(路侧单元)、摄像头等路侧交通基础设施也需要采集数据。将采集的数据上传至云端,通过云端平台对数据进行计算、重构深度挖掘,为交通管理所用,可以让交通管理更加智慧、更加人性化。这些路侧交通基础设施对海量的数据进行采集,同样面临着如何实时回传的问题。虽然理论上采用光纤传输可以解决这个问题,但光纤不可能在所有应用场景实现布放，而且大量布放光纤成本较高，这迫使在某些场景中只能另寻出路。5G 能满足随时随地 0.1G～1Gb/s 的用户体验速度，且同时满足 $10\mathrm{T}～100\mathrm{Tb}/(\mathrm{s}\cdot\mathrm{km}^2)$ 的流量密度和 $1\times10^6/\mathrm{km}^2$ 级的连接密度要求，能彻底解决海量数据实时回传的问题。5G 拥有更高的带宽，可以满足无人驾驶汽车路径规划、系统升级等各种需求。

无人驾驶车辆是通过一系列复杂的传感器来完成驾驶过程的。可以说，现在的汽车包括空调、发动机、轮胎等所有部件，都可以通过车联网技术实现信息化、数字化。例如，给轮胎安装一个传感器，我们就能通过传感器时刻监控轮胎的状态。当汽车轮胎需要打气或者出现破裂等危险时，传感器就会将轮胎情况及时通知汽车采取相应的措施。在智慧交通体系中，会将汽车与红绿灯等交通基础设施全部接入网络，十字路口都会安装各种感应器、摄像头和雷达系统等，可实时监控、控制交通流量，使路面交通运输流动更加高效。汽车内部的云计算系统可以分析整个城市的交通流量拥堵情况，并自动规划道路行驶。5G 支持更快的网速，可以让无人驾驶汽车的感知功能更加灵敏，能够轻松辨别道路情况，进行紧急制动提醒等。

在 5G 时代背景下，汽车交通行业将具有无限的发展空间。未来的某一天，我们出行时可以不用自己开车，只需要坐在后座安心享受旅途风景就可以了。这是非常值得期待的场景。

# 5.3　5G 与 智 能 家 居

如前所述，5G 技术不仅是在前四代移动通信技术基础上的演进，更是一种跨越式的发展。5G 不仅仅是一种通信技术，它更是一个载体，一个催化剂，给社会和各行各业赋能。它改变的不仅仅是人们的生活，而是整个社会。5G 技术赋能于智能家居，将会对未来的家和未来的家庭生活方式产生巨大的变化。

随着家居智能化在世界范围内的日渐普及，人们越来越深刻地感受到其为生活带来的各种便利，智能家居的出现更是从根本上提升了家居生活的质量。智能家居以人们的住宅为主要载体，利用网络通信技术和自动控制技术，将与家居生活相关的通信设备、家用电器和家庭安防装置连接到一个智能系统上。该系统可以实现集中或远程监视和控制，构建出高效的住宅设施与家庭事务管理系统，保持这些家庭设施与住宅环境的协调，提升家居安全性、便利性、舒适性及艺术性。图 5-4 为全屋智能家居，图 5-5 为全屋互联智能家居系统，智能家居平台主要由网络、能源管理、环境控制、家庭娱乐、安防通信等系统及控制终端组成。

图 5-6 为家庭能源管理系统，家庭能源管理系统是智能电网在居民侧的延伸，是智能电网领域的研究热点之一。家庭能源管理系统由能源使用、能源管理、能源供给部分组成。

由图 5-6 看出，除了市电外，能源供给系统可以来自屋顶建有的太阳能发电系统、燃料电池、屋外的风力发电系统的新型能源发电。新型能源发出来的电能可以免费自用，有余量时还可以交给电池保存，也可以向电网卖电。家庭能源管理系统会给出最佳的方案，家庭能源管理系统还会参与地域能源的调节，为"双碳"实现做出贡献。不过，智能

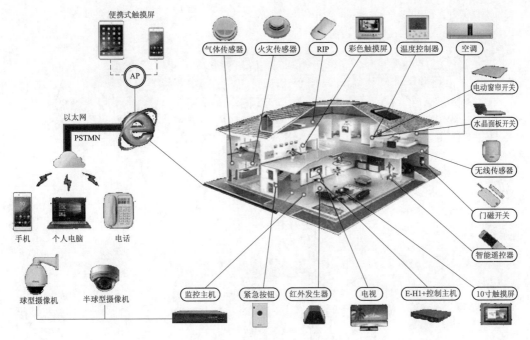

图 5-4 全屋智能家居示意图

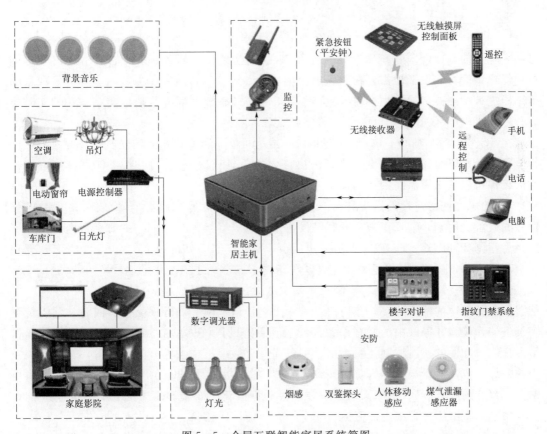

图 5-5 全屋互联智能家居系统简图

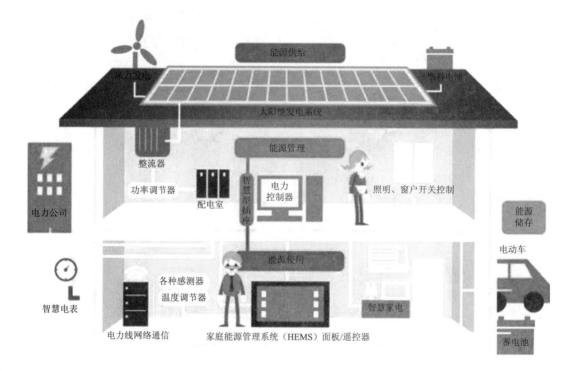

图 5 - 6 家庭能源管理系统

电网环境下的家庭能源管理系统也提出了新的功能需求: 需要更强劲的网络通信技术支持、优化调度算法更多地需要在设备边缘侧进行。还有, 智能家居中有超多种类及数量的传感器进行检测并传递数据, 需要数据整理、数据传输、判断并快捷地实现终端的实时控制。这些需求, 5G 技术均可以帮助系统实现。

在 5G 智能家居时代, 5G 移动宽带入户成为可能, 可替代常规固网宽带光纤接入, 进行全屋无线网络覆盖, 为家庭用户带来更方便的信息获取方式。同时, 5G 高速率、低延时的特性可以带来更流畅的使用体验。

5G 与家庭网络连接的设备又称 5G CPE, 是一种将高速 5G 信号转换成以太网和 WiFi 信号的设备。用 5G CPE 作为家庭网络设备来完成家庭接入互联网, 主要有室内组网和室外接力组网 2 种方式。图 5 - 7 表示了 5G 无线网络与 CPE 室内组网方式。5G CPE 放置在每个家庭内部, 直接与 5G 基站相连, 这种组网方式适用于家庭住址比较密集的场景。

图 5 - 8 为智能家居通信与控制示意图。5G 智能家居系统提供了许多强大的功能, 它能够提供更高速的网络连接, 让用户在家中更畅快地上网、观看视频等。同时, 它支持更多设备的连接, 让家庭中的所有设备都能得到更好的网络体验。5G 智能家居系统还提供了更智能、方便的家居控制体验。用户可以通过智能手机、平板电脑等设备, 轻松控制家中的电灯、空调、音响等。同时, 系统还能够自动学习家庭成员的生活习惯, 为其提供更贴心、智能的服务。5G 智能家居系统在速度、智能化、安全性等方面都有着非常大的优势和功能, 将给用户带来更加便捷、安全、智能的家居体验。

智能家居主要是以传感器和数据采集为目标的应用场景, 具有小数据包、低功耗、海

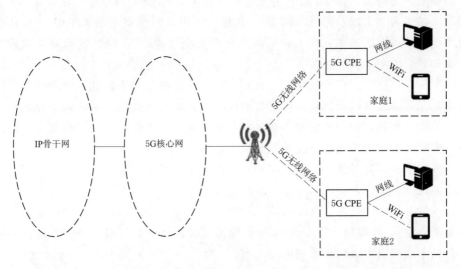

图 5-7　5G 无线网络与 CPE 室内组网方式

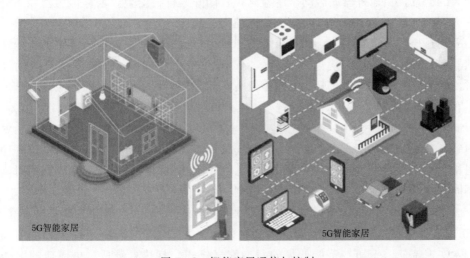

图 5-8　智能家居通信与控制

量连接等特点。

　　试想每个人所使用的可穿戴设备，每个家庭中所有的电器、家居都实现智能物联，连接数量的提升会呈现指数级的增长，非常惊人。而 5G 网络每平方千米最大连接数将是 4G 网络的 10 倍，能对应这样海量连接端点的需求。

　　边缘计算能力是 5G 技术的一个特点，边缘计算的广义定义为"为应用开发者和内容提供者在网络边缘提供云计算和 IT 服务环境"。随着智能家居网络接入节点连接数不断增加，将产生海量数据，大量数据需要分析、处理与储存，如果所有数据都要回到云端进行分析总结，既浪费了带宽，又增加了时延，应用边缘计算可以在智能家居网络边缘完成这些任务。在回程通信故障的情况下，本地边缘计算节点仍然可以向本地连接到该节点的设备提供通信和应用支持，完成脱网信息服务。边缘计算部署具有通用计算平台定制化以及软件可编程重构的特点，在 5G 时代会发挥更大作用。5G 终端海量增加，还会产生许多的安全问题（如人为攻击以及网络断网等），边缘计算可以起到安全隔离作用。5G 边缘计算可以极大地提升系统的速率、减少时延以及提高安全性等。5G 网络技术真可以说蕴藏着改变行业和社会的潜能。

忙碌了一天，结束工作回到了家。在到家前，手机操作一下，就能让家里的空调提前进入制冷状态，指纹开启家门后，窗帘自动缓缓打开，灯光效果自适应调节亮度。家里的地板一尘不染，都是智能扫地机器人在主人回家前完成了工作的结果。根据主人最近的喜好，整个客厅会响起个性化推荐的音乐。

这些理想中的智能场景，目前在有的家庭中有些都已经实现，而且现在越来越多的家居已逐步实现了智能化，提供了更多的智能化场景。

坐在沙发上，人们就能畅享轻松快乐的时光，打开电视可以看 4K、8K 超清大片（裸眼 VR 全新体验），或使用 VR 眼镜 1s 进入虚拟现实世界，只需对智能语音遥控器说出要求，电视马上就会播出人们想看的内容。

冰箱里需要补充食品的时候，它会主动进行汇报，也会在网上购物。安心和舒心就是生活最大的惬意，扫地机器人启动全屋检测，自动开始打扫卫生。烟雾传感器和声光报警器的安心守护，最大程度减少危险情况造成的损失。

用手机遥控卧室里的家电：打开台灯安静看书，启动智能音箱播放舒缓的音乐，温湿度传感器和空气净化器带来更好的呼吸体验，守护人们的健康。智能血压计联动远程医疗，时刻关注家人身体健康状况。智能摄像头不放过任何死角，无论白天黑夜，全屋安全状况尽在掌握。

智能开关集成可以实现一键控制全屋家电，可提供多种模式，如回家模式、观影模式、用餐模式、睡眠模式、会客模式、离家模式等。选择某种情景时，室内的灯光照明就会呈现相应的场景效果。人们不仅能根据自己的作息规律提前设置好窗帘开合的时间和程度，还能与电灯、空调、音箱等家电联动控制，生活美得恰到好处。

"全屋智能"的新型家居理念，以"老人、小孩安全看护""居家安防""家庭娱乐""千兆组网"等功能目标，通过智能网关插座、开关、人体感应器、电动窗帘、门锁等多款产品，实现智能、安防、节能低耗的新型家居模式，打造更舒适、更便捷的家居生活体验。

当然，全屋智能的实现离不开千兆宽带的全覆盖，信号满满，才能享受智能生活。在 5G 全面开启时代，中国的通信技术走在了世界的前列，用户的多元化需求及智慧融合赋能受到了深深的关注，推出了聚焦家庭连接、智能终端、特色应用和优质的服务，全面推出包含千兆 5G 网络、千兆家宽带、千兆服务等的"全千兆"整体解决方案，让用户感受 5G 通信＋智能家居对日常家居品质的改善，让理想的智慧生活越来越近！

与 4G 时代的智能家居相比，5G 时代给智能家居带来的改变主要有以下几个方面。

一是传输速度显著提升。5G 网络最明显的特点就是传输速度显著增加。智能家居是以物联网为基础的，所以物联网设备彼此进行数据连接的时候，网速的快慢会直接影响使用者的体验。智能电灯可以随着人们进入房间而逐步打开，如果网速比较慢的话，灯光打开的速度就会变慢，就不能在进门的第一时间享受到明亮的灯光。

二是时延大幅度减少。4G 网络的时延大概为 20ms，虽然这个时间看起来很短，但还是会给人们造成一定的困扰。当小偷非法进入家中，如果智能监控系统不能及时将信息反馈到我们的手机上，就会导致家庭财产损失。相比之下，5G 网络的时延低至 1ms，能够更快地将家中所有的信息反馈给人们。煤气泄漏、小偷盗窃、空调未关闭……这些信息都能在 1ms 之内快速反馈，避免人们财产和生命受到威胁。

三是网络标准的统一。目前的智能家居产品大部分都是单件存在的，大家能通过手机对这些家庭用具逐一进行控制。比如查看冰箱信息，要打开冰箱智能控制系统；关闭灯光，要打开智能灯光控制系统；清扫房间，要自己手动打开扫地机器人等。这些家居产品之间都是单独的个体，而且不同的品牌之间还存在很多的差异，需要对这些设备逐个进行操控，非常麻烦。而 5G 时代的智能家居更偏向于制定一个统一的标准。使用 5G 网络可以将所有的智能家居都连接在一起，让它们之间可以互相配合。

不妨想象一下，早上七点我们起床后只需要打开起床模式，窗帘就会缓缓打开，一段舒缓的音乐慢慢响起，牛奶和面包随着音乐开始在机器中自动加热。当我们洗漱完毕，就可以边听音乐，边在美妙的早餐中开启新的一天。

"主人，检测到您最近的血压有些偏低，建议您多补充糖分和营养，我们已经将您冰箱中食物的信息发送到您的手机上，请您参考最新的膳食菜单补充体能。"未来，类似这些会"说话"的家居用具会越来越多，智能家居给我们的精彩回应会越来越多，我们的生活也会变得妙不可言。可以预见不久的将来，真正的智能家居智慧生活时代将会到来，我们的传统生活方式有可能会被全屋智能家居带来的智慧生活方式所取代。

# 第 6 章　5G 与能源融合赋能

当前，世界正处于以信息技术为核心的、世界科技革命和产业变革驱动的、百年未有之大变局的时代，通信将更有成效地与产业融合赋能，重构生活学习和思维方式，改变人与世界的关系。

## 6.1　5G ＋ 新 能 源

能源是人类社会发展的基石，是世界经济增长的动力。纵观人类历史，科技与生产力的每一次重大进步与飞跃，莫不与能源变革息息相关。如今，随着经济的快速发展，能源的消耗也越来越大，能源短缺与环境污染日益成为制约当今社会发展的重要因素，也成为关系人类生存与发展的重大问题。能源是国民经济的基础性产业，是经济社会发展的命脉，而通信技术与能源的有机融合，是重塑全球能源竞争新格局的重要契机，是推动能源生产和消费革命的强劲引擎。

5G 是近年来全球媒体出现频率最高的词汇之一。5G 之所以如此引人注目，是因为无论从通信技术本身还是从由此可能引发的行业变革来看，它都承载了人们极大的期望。驶入 21 世纪，具有智能化特征的新一轮产业革命呼之欲出，它对人类文明和经济发展的影响将不亚于前两次工业革命。相比前两次工业革命，推动新一轮产业革命的不再是单一的技术，而是多种技术的融合。其中，移动通信、互联网、人工智能和生物技术，是具有决定性影响的元素。作为当代移动通信技术制高点的 5G，它是赋能上述其他几项关键技术的重要引擎。同时我们也可以看到，5G 出现在互联网发展最需要新动能的时候。

人类已经历了三次能源革命，并迎来了 21 世纪第四次能源革命。第一次能源革命，源自远古时代火的发现；第二次能源革命，源自蒸汽机的发明；第三次能源革命，源自 19 世纪 70 年代的电气工程的发展；第四次能源革命，将依托现代信息技术和新能源技术，形成一种全新的智慧能源体系。我国正面临能源结构调整和绿色低碳发展的重大战略机遇。依托快速发展的信息化技术、互联网技术、物联网技术、智能电网技术和新能源技术，系统全面地研究智慧能源体系建设和发展所面临的突出问题，已经成为当前亟待解决的重大科学技术问题之一。

### 6.1.1　太阳能发电

随着经济发展越来越迅速，对能源的利用越来越多，自然资源提炼的能源已经不能满足人类生产生活的需求，研究和利用新能源是人类迫切要做的事情，我国正面临能源结构调整和绿色低碳发展的重大战略机遇。"低碳经济"的理想形态是发展"阳光经济""风能经济""热能经济""生物质能经济""氢能经济"以及"核能经济"等。对于这些以低能耗、低污染为基础的经济，其核心是能源技术的创新，目前低碳技术日益受到世界各国的关注，各个国家在可再生能源及新能源的利用等技术方面取得了长足的发展。同时，信息革命发展到今日，5G不再是仅仅让速度更快，而是更注重于高速度、泛在网、低功耗、低时延、万物互联、重构安全的实现。在5G的网络下，我们的网络结构、终端、体验都会发生巨大的革命性变化，这也意味着5G会带来巨大的产业机会，很多行业都会受益而得到巨大的发展机会。

首先是太阳能光伏发电。近年来，国内外出现的典型的新能源发电方式非太阳能光伏发电莫属。太阳能光伏电站如雨后春笋般出现，技术也有了长足的发展。其瓶颈在于能源利用的效率不高，进入电力系统调节不够灵活且对电网扰动较大。但借助5G可以帮助电站赋能。高效高质量发电需要的控制策略及有用数据可以在5G的边缘计算中进行，包括风力发电等多能源的组合运行也不在话下，5G的切片技术可以端对端提供协助，也能体现出综合性能的协调运转，能源网与电力网的大数据交换也十分顺利，因为5G具有比4G更宽的带宽。

太阳能是最清洁的能源，太阳能资源非常丰富，太阳能电池（又称光伏电池）是利用光电转换原理使太阳的辐射通过半导体物质转变为电能的一种新型的器件，光伏电池经过串并联后进行封装，可形成大面积的光伏电池组件板，配上功率控制器、储能装置、变换器等就组成了光伏发电系统，家用独立光伏发电系统如图6-1所示，由这个系统来控制发电至用电的过程，发出的电能主要是自用，也可以将电能送至电网。

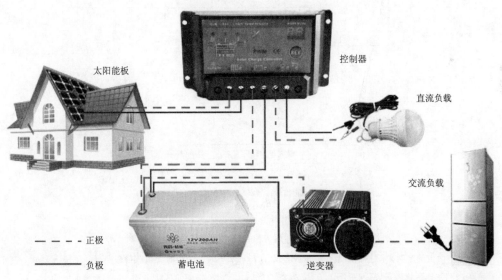

注：交流负载直接把插头插入到逆变器另一头的插孔中

图6-1 家用独立光伏发电系统

像屋顶太阳能光伏发电这样的发电设施一般被称作分布式电源（DER），这些电源通常发电规模较小且靠近用户，除了自用还可以根据需要向电网输出电能。未来零碳园区的目标会使其得到持续发展，是满足我国能源需要的重要途径。这类电源节点数超多，物联网特性超强。形成物联网后需要通过广泛应用的分布式智能和通信系统的集成进行支持，因此应用 5G 物联网新技术将成为热点。可以预计光伏电站接下来的研究内容应该是能效更高、质量更好，以及多目标协联控制策略、快速响应控制和效率寻优控制方法。利用 5G 边缘计算可以解决光伏电站能效提高的计算决策问题。

图 6-2 表示了光伏电站高能效发电的策略，通过判断最大化利用太阳能最大辐照量

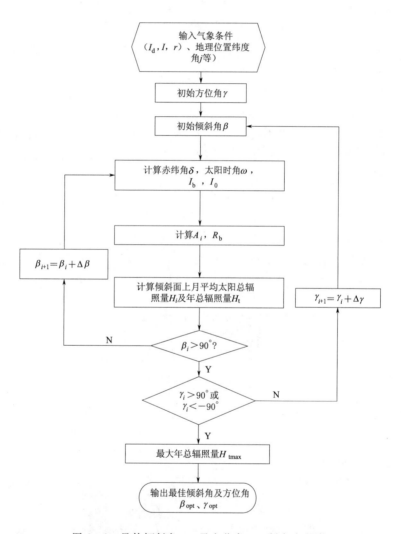

图 6-2　最佳倾斜角 $\beta_{opt}$ 及方位角 $\gamma_{opt}$ 判定流程图

$I$—水平面上的小时太阳总辐照量，单位 MJ/m²；$I_d$—水平面上的小时太阳散射辐照量，单位 MJ/m²；
$r$—日-地变化修正值，$r=1+0.034\cos(2\pi n/365)$，$n$ 为一年中的日期序号；$I_b$—水平面上的小
时太阳直射辐照量，单位 MJ/m²；$I_0$—地球大气层外的小时太阳总辐照量，单位 MJ/m²；
$A_i$—水平面上的小时太阳直射辐照量与总辐射量比值；$R_b$—倾斜面与水平面上
小时太阳直射辐照量的比值；$\delta$—太阳赤纬角；$\omega$—太阳时角；
$\beta$—电池板倾斜角

$H_{tmax}$ 的情况下，进行光伏电池板发电最佳倾角 $\beta_{opt}$ 及方位角度 $\gamma_{opt}$ 的决策与计算。

在纬度 $\varphi$ 一定的区域对于固定安装的光伏电池阵列，怎样的方位角 $\gamma$ 与怎样的倾斜角 $\beta$ 配合，才能够得到最多太阳总辐射能呢？图 6-2 为最佳倾斜角 $\beta_{opt}$ 及方位角 $\gamma_{opt}$ 判定流程图，图中表示了纬度 $\varphi$ 一定时，倾斜角 $\beta$ 及方位角 $\gamma$ 的最优配合优化的求解过程。图中显示求解光伏电池板的最佳组合 $\beta_{opt}$、$\gamma_{opt}$ 时，需要结合太阳年辐照量 $H_t$ 进行多番互动讨论，直到年辐照量最大值的出现，此时的 $\beta_{opt}$、$\gamma_{opt}$ 配合既是最理想的配合结果，也是光伏电池板安装的依据。还需要注意，太阳辐照量是影响光伏电站发电量的一个决定性因素，相同功率的光伏阵列安装在不同地区，或以不同倾斜角及方位角安装，发电量可能会不同。计算中还考虑了不同地理位置、不同日期、不同太阳入射条件等的影响，能够对多参数的影响进行分析计算和性能预测。求解过程中，倾斜角及方位角分别以 $\Delta\beta$ 及 $\Delta\gamma$ 变化，$\Delta\beta$ 及 $\Delta\gamma$ 取决于实际需求，计算时 $\Delta\beta$ 及 $\Delta\gamma$ 等于 1° 可满足实际工程时的需求。计算辐射量时采用了精度较高的天空散射各向异性模型，计算光伏阵列倾斜面任意倾斜角及方位角下的辐射量。计算中采用了遍历求解法，遍历求解方法可以免去对光伏阵列辐射量算式进行求导计算，避免了复杂的数学运算过程，且得到的结果仍是比较妥当。

图 6-3 表示了实际光伏电站光伏电池板安装角度的景象，电池板安装时与地面水平夹角称为电池板安装倾斜角 $\beta$。试想如果 $\beta$ 是可以变化的，也就是说电池板如同向日葵一样可以追踪太阳光转动，那么电池板得到的能量一定会更多。

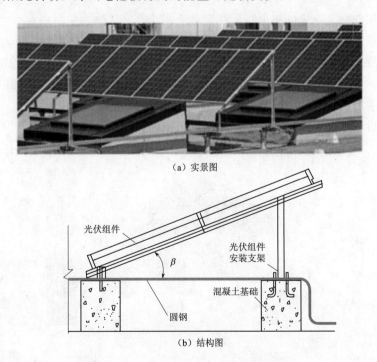

（a）实景图

（b）结构图

图 6-3　太阳能光伏电池板安装倾斜角 $\beta$

$\gamma$ 是电池板方位角，电池板安装的时候朝着什么方向能够独得全天最多太阳总辐射能呢？答：朝着正南方向，或略朝着东南方向。对于北半球来说，通常定义为正南方向的方位角为零，这与太阳入射方位角的定义是相同的。可以想象，电池板集热面法线与太阳光入射方向一致的话，得到的能量一定会最多。大型太阳能光伏电站已经这样做了，但是由于造价较高，小型电站及家庭电站实现程度还很低。通过经验摸索，当安装倾斜角 $\beta$ 与当地纬度角 $\varphi$ 相近时，累计得到的太阳能辐射量会比较多一些。太阳辐照量是影响光伏电站发电量的一个主要因素，光伏电站方阵的安装倾斜角 $\beta$ 及方位角 $\gamma$ 对太阳辐照量接收起着至关重要的作用。光伏电站设计以往多采用经验值，当前要求最佳设计呼声越来越高，未来将追求个性化设计。最佳设计包括了光伏电站发电量最大化，个性化设计对电站参数联合优化设计提出了更高的要求。归根结底是这样的问题：光伏电池板的诸参数实现什么样的配合得到的太阳能辐照量为最大，保证最佳能量被转换利用呢？

　　应用案例：光伏电站概况为，地处广东省南部，东经 112.90°、北纬 22.76°。平均年太阳辐射量 $1400\text{kW}\cdot\text{h/m}^2$ 左右，屋面总面积约 $1700\text{m}^2$，项目总计铺设太阳能电池组件 280 块，总装机容量 72.8kW，光伏发电系统的电池组件选用 260W 多晶硅太阳能电池组件，请对电站参数进行优化设计。

　　解：按照框图 6-2 进行安装倾斜角 $\beta$ 及方位角 $\gamma$ 最佳配合的计算，太阳最大辐照量作为约定值。

　　计算开始，首先置入安装地理位置纬度角 $\varphi$、置初始方位角 $\gamma$、初始安装倾斜角 $\beta$，进入下方的计算方框，计算参数赤纬角 $\delta$、太阳时角 $\omega$，可见文献 [10]。采用遍历搜索的方法，对光伏阵列的安装倾斜角在 0°~90° 范围、方位角在 -90°~90°，按照天空散射各向异性模型计算倾斜面上对应的辐射量，找到最大辐照量。该辐照量下所对应的倾斜角及方位角即为最佳倾斜角和方位角。求解过程中 $\Delta\beta$ 及 $\Delta\gamma$ 等于 1° 进行叠加，计算了大量的工况点，用经过数据集成的大数据群做成了倾斜角、方位角与辐照度关系的三维性能曲面，曲面穹顶之点即为太阳能电站辐照量取得的最大点，亦即是能效最高点，如图 6-4 所示。能效曲面是由动态的运行诸点组成，对于电站性能预测、运行指导、优化设计具有指导意义，对多能源协调运行要求的数据交换会起到积极的作用。

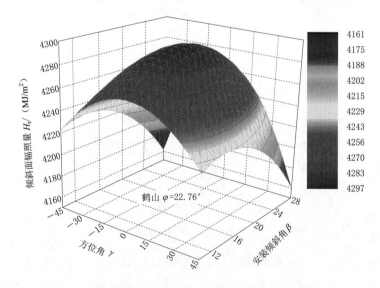

图 6-4　太阳能光伏电池板最佳倾斜角及方位角判定结果

本策略计算包含了多元目标、大数据优化、决策判断等，处理速度快、延时低，决策对高效高质发电提供了有力的技术支持。此外，还可以期待5G边缘计算能与云计算顺畅地交换意见，为今后的能源物联网及智慧能源体系的达成起到积极作用及技术支持。

光伏发电也常与风力发电组合称"风光互补"，为了发电的稳定又加入了储能装置称"风光储"，如果加持新能源动力汽车及充电桩时则称"风光储充"，只看这些新能源的源头部分就非常复杂，再加上输配电系统就可想而知了。图6-5表示了太阳能光伏电站、风力发电站及输配电系统，整个大系统运行起来有大量的数据需要处理，需要快速地进行决策判断，以对应超低延时的控制要求，因此对通信技术提出了更高的要求，5G技术成了融合赋能的强有力推手。

图6-5 太阳能光伏电站、风力发电站及输配电网系统

要想在一个安全的环境下得到优质的电能，就需要各个能源之间有良好的沟通、能源与输配电有良好的沟通、与负载有良好的沟通、与用电和营销有良好的沟通，这些沟通是双向的并且需要低延时反馈的，且具备沟通海量节点的能力。新能源厂站通信要求时延不大于30ms、带宽200Mbit/s、可靠性99.999%、连接数百万级。5G网络的技术特性能帮助场站解决这个问题。

还有，由于新能源电站大多位置偏远，因此发电集团按区域建设集控中心，用来管理区域内所有光伏电站和风力电站。新能源电站到远程集控中心之间通信中，生产控制大区采用租用电力光纤的模式，管理信息大区采用租用运营商专线的模式。但自建光纤环网存在施工维护成本高、数据接入不灵活等问题，自建无线专网存在建设维护成本高、需要申请频段、带宽受限等问题，自建WiFi存在信号质量可靠度较差、存在干扰等问题，这些问题均严重制约了目前智慧厂站改造推进的步伐。

基于5G技术构建的新能源电站生产运营体系，可实现站内通信和机组内通信，助力精细化生产管理。利用5G技术全量信息的百兆级带宽接入能力及毫秒级信息采集能力，结合人工智能技术及大数据建模分析可实现远程诊断、预测性维护、资产全周期管理、智能运维等。同时利用5G的网络切片及边缘计算两大关键技术，实现大区设备的生产控制，满足电力工控系统对安全隔离及低时延的要求；结合人工智能技术，对生产实时数据及气象环境数据进行深度分析，研究电厂及电站的智能控制策略，做到优化生产发电。

太阳能利用能效是业界非常关心的问题，利用 5G 的边缘化计算，众多电站节点的计算将不需要进入云计算，仅在电站侧边缘计算单元便可以完成，有需要时再与主网云计算进行沟通。

直接利用太阳能"热"发电的电站称为太阳能光热发电站。太阳能光热发电站虽然在使用上还不普及，但也是因地制宜而创造出来的新的发电形式，中国科学家有效地捕捉到了这一点，并利用它建造了"超级镜子电站"，如图 6-6 所示，充分证明了中国人的智慧和能力。位于敦煌沙漠的熔盐塔太阳能热电站，因依靠镜子发电，又被称为"超级镜面电站"。万面镜的中央是一座能量吸收塔，其作用是吸收光能发电。而这万面镜子，就是收集太阳能的关键。每面镜子的位置和角度都经过计算，以确保每面镜子都能最大限度地发射阳光。吸能塔顶部是聚能器，太阳能在这里产生热量，聚能器加热后产生高温蒸汽，带动汽轮机发电。"超级镜面电站"夏季 24 小时可发电 180 万 kW·h 以上，帮助地球减少二氧化碳排放 35 万 t，相当于万亩森林的效益。

图 6-6　太阳能光热发电站

能源专家曾说，放眼未来，中国对新能源的创造力是无限的，有望不断出现新形式的发电方式。在我国也出现了因地制宜的水能＋光能结合的发电方式、对于新能源热电转换、余热利用及其相关产品与技术开发也得到了重视，取得了可喜的研究成果。新能源的发展速度非常期待通信系统的加持，因为推动新一轮产业革命的不再是单一的技术，而是多种技术的融合。其中，移动通信、物联网、人工智能和生物技术，是具有决定性影响的元素。作为当代移动通信技术制高点的 5G，它是赋能上述几项关键技术的重要引擎。

## 6.1.2　微基站与温差发电

随着移动通信技术的发展，特别是 5G 技术的成熟及相关产品的应运而生，无线基站的建设需求日渐提高。5G 为了满足频谱需求、功率要求，基站总体数量要增大且备用电的比例要求逐步提高。同时运营商积极开展全业务经营，无线网络架构正逐渐由传统蜂窝覆盖向"分层化"方向发展，分布系统已成为网络覆盖建设的主要方式，在网络建设上采用多种不同类型的基站及相应的建设方案，光纤拉远技术得以大量应用，网元设备不断向用户侧延伸，因此用户接入业务的质量保障要求也日益显现。电源是整个通信基站正常运营的基础，所以如何构建一套有效的通信电源系统对保障基站的正常运营起着至关重要的作用。

一般来说，按照无线基站主设备的覆盖范围可将基站划分为：宏基站（覆盖半径为200m以上）、微基站（覆盖半径为50～200m）、皮基站（企业级小微基站，覆盖半径为20～50m）和飞基站（家庭级小微基站，覆盖半径为10～20m）。微基站把通信设备集成在一个机箱内，不需要机房，安装方便。微基站是以低功率接入节点，功率在5W以内，一般就近安装在天线附近，线缆短，损耗小。微基站的主要作用是：加强深度覆盖，增加局端容量等。

近年来，运营商为加强信号覆盖，巩固并抢占更多用户资源，深度覆盖网络信号，不断拓展并加强微基站的建设。每个地区微基站的建设量从最少的几十套增加到几百套不等，建设数量还会不断增加，信号覆盖越弱的地市，建设量越大。但由于微基站整体规模较小，且分布于基站外部，不具备大型的后备电源，如何建设分布式能源以保障微基站正常运转，也是无线网络建设中的一个重要问题。

目前微基站的电源部分大都采用220V市电布线供电方式，一旦停电或市电波动较大，小微基站均会因为停电或掉电而退出服务，无法储备电源。近年来，市电用电量逐年上涌、新能源接入比例递增，引起市电的波动。持续欠压和过压等情况的出现，是造成设备老化、损坏的主要原因。这些现象将导致运营商的考核指标严重下降，运营成本增加。为提高移动网络建设中分布式组网场景（如：城市密集中心无线覆盖、室内分布、WLAN及综合接入等）中的电源保障能力，提高电源维护效率，将是降低运行成本的有效措施。

现阶段，微基站的供电方案按照有后备电源的情况可分为无后备电源方案和有后备电源方案，按照供电类型可以分为直流远供电源、交流转直流微电源、市电加含有储能装置的UPS。

因为大部分微基站设备可以同时支持48V直流供电和220V交流供电，所以微基站对电源的需求主要是直流48V和交流220V，其电源设计主要围绕着这两种电源的转换生成及保障。

移动基站建设、室外拉远站、室内分布和室内（外）机房建设等场景，对基站使用过程中常见的停电、电池均需要阶段性维护及漏电开关跳闸等系列问题可以采用直流远供电源进行供电，将机房内稳定的电能通过光电复合电缆或电力线缆以超低损耗的方式输送给直放站或基站设备，为设备提供不间断的稳定供电。

在没有外接电源或外接电源故障时，可以采用半导体温差发电、太阳能发电、或温差发电/太阳能耦合发电的方法来解决电源的供电问题。半导体温差发电是新能源的一种，发电原理与光伏电池板相像，只不过光伏组件发电的原理是光电转换，热伏组件发电的原理为热电转换。图6-7为热电转换原理示意图，热电转换技术的基本原理为两种不同的金属，当两端存在温度差时其闭合回路有电流产生，因此称为温度差发电。如图6-7所示，当热电单元两端形成稳定的温度梯度时，热电单元内部的空穴和电子形成定向移动，并在电偶臂两端形成电势差，闭合回路中产生电流。这样，在热电转换单元中，热能可以直接转化为电能。图6-8为热电转换组件示意图，它可以像光伏电池片那样，串并联贴在组件板上接受热源，也可以贴在光伏组件板后面接受热量与其进行耦合运行。图6-9为太阳能光伏—光热—热电复合发电系统，只要有热有阳光就会有电，非常适用于不备有或难备有电源的基站等的物联网，对新能源有效利用、探究余热利用系统及相关技术，都具有深远的意义。

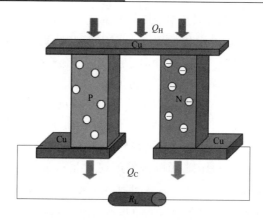

图 6-7　热电转换原理示意图

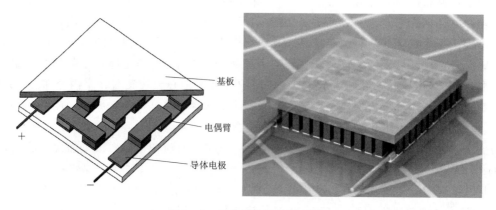

图 6-8　热电转换组件示意图

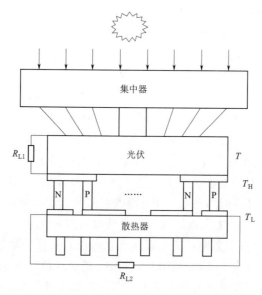

图 6-9　太阳能光伏—光热—热电复合发电系统

### 6.1.3 无源物联网电力应用

无源物联网是指连入网络的终端节点设备不接外部电源、不带电池，而是从环境中获取能量，从而支撑起数据感知、无线传输和分布式计算的物联网技术。无源物联网的兴起是物联网产业寻求发展突破和政府政策引导共同作用的结果。据某产业研究院测算，2024年我国物联网连接数有望接近87亿，距离百亿级连接目标仍有一定距离。从全球看，据IoT Analytics统计，2021年物联网连接数达到122亿，预计2023年有望同比增长约20%，达到146亿左右。无论从国内或国际上看，基于目前"有源"技术路线的物联网连接，其规模上限或在百亿级别，距离业界期待的千亿级万物智联尚有较大差距。

一方面，海量物品受限于成本刚性制约，难以采用有源物联网模组实现连接。以有源的NB-IoT模组为例，其价格目前为10~20元，相比已较成熟的无源物联网应用UHF RFID的标签高出几十倍，大规模采用有源模组并不符合众多行业的成本控制要求。例如在物流行业，据国家邮政局数据，2021年我国快递业务量为1083亿件，基于NB-IoT、Lora等有源技术实现每个快件的连接显然并不可行，须采用更廉价的物联网技术实现。无源物联网的最大优势，就是完全不需要电池，不仅将免去电池组件成本，还将节省更换电池的成本，更为符合海量物品实现低成本连接的需求。

另一方面，众多有连接需求的物件受限于其分布广泛、需灵活移动等因素，或者应用于高温、高湿、极低温、高压、高辐射等极端场景，导致终端设备的电池更换困难或无法直接靠电池供电。当去掉电池后，终端的体积可进一步缩小，将有利于终端整体设计，同时由于免去电池更换等维护，将提升终端设备使用过程中的安全及效率水平。

因此，从物联网连接发展的趋势看，特别当面对海量物品"上线"需求时，无源物联网将是重要的支撑性技术路线。无源物联网技术有望在更广范围内，助力更大规模终端节点设备实现传感感知和传输连接，进而支持相关终端节点设备的海量数据汇聚，并结合边缘计算、云计算和人工智能等技术实现智能分析决策，最终促进形成万物智联的新业态。

2020年9月，我国在第七十五届联合国大会上宣布，力争2030年前二氧化碳排放达到峰值，并努力争取2060年前实现碳中和目标。"双碳"目标的提出将驱动我国经济社会全面转向绿色高质量发展新时代。

在物联网领域，目前有源终端中较多采用电池供电。随着物联网产业快速发展，其耗费的电池数量将极为庞大。据IDC、Gartner等机构预测，在物联网发展成熟之际，全球或需416亿块电池来提供所有在线物联网设备收集、分析和发送数据所需的能量，将极有可能引发能源和环保挑战。因此，"双碳"背景下的物联网产业的变革迫在眉睫，在达成千亿级万物智联目标的过程中，企业亟待加快技术创新，促进感知、计算和传输的能效大幅提升。随着无线传感网络的大规模应用，环境能量收集技术作为一种可持续、绿色环保的供电方式，有望为覆盖千亿级物联网节点提供可行解决方案。

随着5G技术诞生和科技发展，无线传感节点广泛应用于智能电网、智能农业、智能工控等领域中。无线传感节点续航供能是关键技术问题，保障其用能稳定性是研究的重点。无线传感节点加采用传统电池供能，由于电池的寿命有限，更换和维护成本较高，且电池中的有害化学元素对环境危害大,不符合环境可持续性发展的新要求。采用自供电方式,则可以直接将工作环境中的能量转换成电能为无线传感节点供电,其主要有光伏发电、风力发电、机械能发电、温差发电、复合能发电等方式。本小节主要介绍电力设备自供电低功耗监测系统,利用变压器自身工作温度和环境温度产生的温差进行发电,为监测系统提供稳定的供电。在电路和程序设计上采用低功耗设计,降低各个模块的功耗,节省系统电能,且有效地解决变压器温度监测问题,保障变压器的安全运行。

电力设备自供电低功耗监测系统由能量采集模块、能量管理模块、传感监测模块、主控芯片、通信模块以及监测上位机软件组成,系统结构如图 6-10 所示。其中,能量采集模块将设备的发热量直接转换成电能,并为信息采集、管理和传输模块提供电能。信息采集模块通过温度传感器对电力设备进行状态数据采集,状态数据经过主控芯片的进一步处理,并通过无线通信模块传送至上位机,上位机对接收的数据进行处理、分析、显示、储存和预警。当采集模块数据超出安全范围时,上位机将根据用户需求进行多级预警,否则处于待机节能状态,以降低系统的功耗。

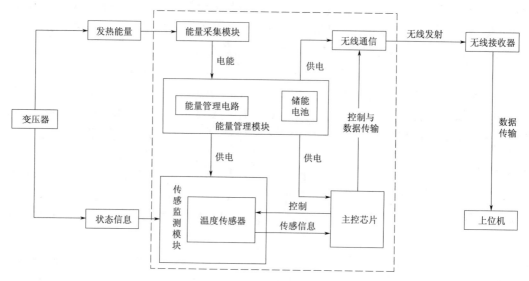

图 6-10　系统结构图

### 1. 自供电工作原理

热电转换技术基于赛贝克效应,即当两种不同的材料连接存在温差时,材料中的电子与空穴产生定向移动,在形成回路时为负载提供电能,如图 6-11(a) 所示,多对热电偶对组成热电单体,如图 6-11(b) 所示。因此当能量采集模块冷热两端存在温度差时,将可为负载提供电源。

由于设备运行环境的突发性与多样性,将导致能量采集模块输出特性不能为负载提供稳定的电源。针对输出特性与负载电压不匹配的情况,综合考虑积极性环境变化下,系统自供电的稳定性问题,开发能量管理电路,电路原理如图 6-12 所示。电路基于 FEH710 芯片进行设计,可实现输入电压低至 0.05V 的自主启动电压和微小电流的采集,能量管理电路中采用 $2200\mu F$ 的系统供电电容,是专门为系统提供电能的蓄能电容,

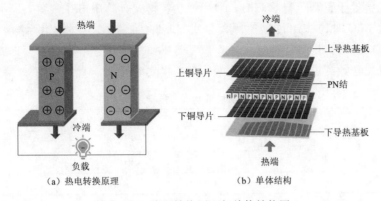

图 6-11 热电转换原理与单体结构图

具有容量小、充电速度快、能够快速实现能量的收集和使用的优点；$470\mu F$ 输出电容的加入，可有效防止负载电流突变和能量源切换时造成供电不稳定。当采集到的电能满足负载功率时，FEH710 可为系统供电，同时为储能电池或超级电容进行充电，当能量采集到的电能不满足系统负载时，FEH710 切换到储能电池为系统供电，并且通过涓流进行储存。

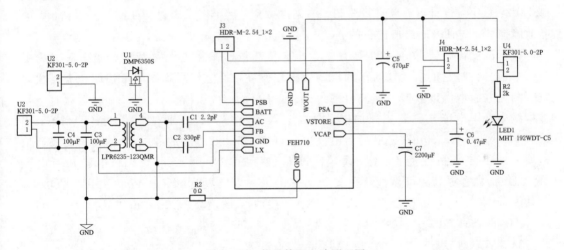

图 6-12 能量管理电路原理图

### 2. 低功耗电路设计

因为监测终端时常要更换电池，以保证终端的正常工作，但是电池更换困难且成本高，为了延长监测终端的使用寿命，降低能量损耗，系统采用低功耗设计。首先在模块选型上进行低功耗设计，设备在运行时需要监测系统进行实时监测并且判断温度是否存在异常，在监测系统中无线通信模块的耗电量大，常见的低功耗无线通信方式（如 ZigBee 以及 Lora）的工作电流大多在 30mA 以上，设计采用低功耗的 SPI 无线通信方式，使用 nRF24L01P 射频芯片，功耗极低，当工作在发射模式下，发射功率为 0dBm 时，电流消耗为 11.3mA；接收模式下电流消耗为 12.3mA；待机模式下电流消耗 $22\mu A$；掉电模式下电流消耗为 900nA，极大地降低了系统的功耗，见表 6-1。通过中央处理器对各个模块进行控制，当设备处于正常运行状态时，启用低功耗模式，禁用 SPI 接口，断开无线通信模块电源，通过 R/C 时钟控制传感监测模块进行周期性采集，并将数据储存在单片机中。当传感监测模块检测到设备运行异常时，恢复传感监测模块正常运行，立即开启无线通信模块向上位机发送数据进行预警并对数据处理实现实时显示。

表 6 - 1　　　　　　　　　系统主要模块低功耗节能前后的功耗

| 模　　块 | 电 流 / mA | 节 能 模 式 | 节 能 后 / μA |
|---|---|---|---|
| 温度模块 | 1.00 | 周期运行 | 250.00 |
| 无线模块 | 28.00 | 断电 | 0.00 |
| MCU | 6.00 | 休眠 | 0.40 |

该系统的中央处理器采用的单片机型号为 STC15W4K32S4，具有价格低、工作稳定、耐高温、抗干扰能力的优点，相较于 8051 单片机的运行指令速度快 8～12 倍。其外设功能丰富，拥有四组完全独立的高速异步串行通信口（UART）、7 个定时器、内部高精度 R/C 时钟、8 路 10 位高速 AD 和 8 路 PWM、一组高速同步串行通信端口 SPI，这些外设有助于降低电路系统的功耗。

电力设备工作时会产生高温，温度过高都会造成设备发生故障的问题，设计使用 DS18B20 数字温度计对温度进行监测，当温度达到预警值时系统将会报警，以达到预防设备故障损坏、方便及时维修的目的。

数字温度传感器 DS18B20 具有体积小、功耗低、工作电源宽泛的特点，其输出的是数字信号，将它的信号线与单片机的引脚相连接，通过编写程序即可控制该温度模块进行测量并获取温度数据。测温范围为 -55～125℃，可以精确到 ±0.5℃，可以直接从数据线中获得电能，不需要外加电源线，只需通过端口进行通信。模块 GT - 24 采用 2.4GHz、功耗为 100mW、最高空中速率达到 2Mbit/s、稳定性高、工业级的无线通信模块、模块自带高性能 PCB 天线，精确阻抗匹配，采用 nRF24L01P 射频芯片，比 nRF24L01 具有更高的可靠性，更多的功率等级，以及更远的传输距离和更低的功率。此外内置 RFX2401 功放芯片，内建 LNA，接收灵敏度提高 10dBm，工作在 2.4G～2.5GHz 的 ISM 频段。

3. 系统软件设计

系统程序流程图如图 6 - 13 所示，首先进行系统参数的初始化，如单片机的 I/O 口、定时器等内部资源进行初始化，通过一路总线接口对温度监测模块进行初始化配置，通过一组模拟 SPI 同步串行通信接口对温度无线通信模块进行初始化配置，同时配置定时器中断服务程序读取一次温度监测模块数据，中央处理器程序主循环中实时接收变压器温度结果并对比正常温度数据，若判断变压器正常运行，则开启低功耗模式进行循环，若判断变压器发生异常，则立刻驱动无线通信模块向上位机发送异常数据进行具体分析和预警。

为将无线通信节点接收的温度和振动信号直观地显示，开发上位机温度监测软件。软件基 Microsoft Visual Studio 软件工具开发，采用 C♯语言进行编写。上位机软件程序包括出口配置程序、串口接收函数、显示窗体函数等，具有数据实时显示、数据储存、故障预警的功能。上位机程序如图6-14所示。

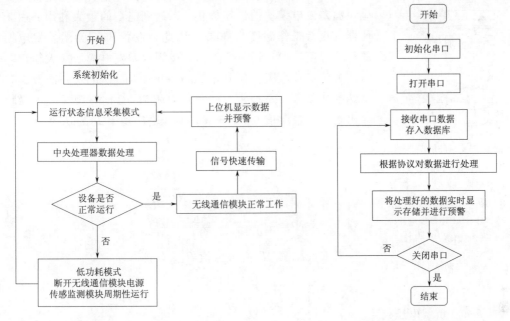

图6-13 系统程序流程图                图6-14 上位机程序图

**4. 测试及结果分析**

通过搭建自供电无线监测系统试验平台，对其系统性能进行验证，系统测试平台如图6-15所示，包括P100F恒温加热台、PC上位机终端、无线接收器。将监测节点放置在恒温加热台，无线接收器与PC上位机终端连接，进行系统性能测试。

图6-15 系统测试平台

系统能够有效地采集到变压器发热所产生的能量并转换成电能为监测节点进行供电，监测节点能够对变压器温度进行监测，温度数据经过中央处理器进行处理和编码，通过无线通信模块发送到接收器传输到上位机进行数据处理和实时显示，并进行监测预警，自供

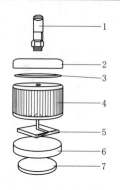

图 6-16　自供电监测

节点三维图

1—信号输出天线；2—不锈

钢上盖；3—电路板；4—散

热铝片；5—温差发电片；

6—储能铝块；7—磁铁

电监测节点如图 6-16 所示。

（1）温差发电模块最佳负载测试。微电量管理电路设计需要确定温差发电模块的最佳负载，以达到能量的最大利用。由于变压器的正常工作温度为 60℃，因此，设置 60℃ 为温差发电模块的热端温度，通过调节变阻箱，找到温差发电模块最大输出功率时的最佳负载电阻，从 0 至 25Ω，每增加 1Ω 记录一次数据，测试结果如图 6-17 所示，当负载电阻为 5Ω 时，温差发电模块的输出功率为最大值 62.24mW。最佳输出功率 $P$ 表达式为

$$u = \frac{UR}{(R+r)}$$

$$i = \frac{U}{(R+r)}$$

$$P = ui = \frac{U^2 R}{(R+r)(R+r)}$$

当 $R=r$ 时，$P$ 有最大值 $P_{max}$，即

$$P_{max} = \frac{U^2}{4R} \tag{6-1}$$

式中　$u$——负载电压；

$i$——负载电流；

$R$——负载；

$r$——温差发电模块内阻；

$U$——开路电压；

$P$——温差发电模块输出功率。

（2）能量管理电路性能测试。恒温加热台设置温度为 35~80℃，通过加热台对半导体发电片进行加热来调节微电量管理电路的输入电压。加热台 35℃ 时，微电量管理电路输入电压为 0.025V，输出电压为 0.17V，当输入电压达到 0.05V 时，输出电压为 2.98V，输出电压快速上升，再逐渐升到 3.47V，然后趋向稳定，如图 6-18 所示。说明微电量管

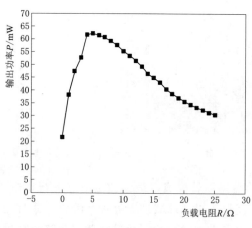

图 6-17　负载电阻与输出功率的关系

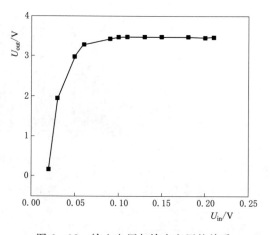

图 6-18　输入电压与输出电压的关系

理电路具有 0.05V 低压启动，并且能够快速地达到 3.47V 的稳定电压输出，TEG 输出电压为 0.05V 时微电量管理电路转换效率为 52%，输出在 0.1V 后，转换效率可达 97%，证明微电量管理电路可以为监测节点提供稳定的电能输出。

在变压器运行时，监测节点需要稳定的电源来维持各个模块的工作，见表 6-2，监测节点总功率为 115.50mW。不同温度状态下能量管理电路输出的功率如图 6-19 所示，热端温度为 35℃时，温差为 9.1℃，输入电压为 0.057V，大于启动电压 0.05V，此时可输出功率为 104.53mW，低于节点功耗 115.50mW，由电池为节点供电；正常工作热端温度为 60℃ 时，温差为 21.9℃，可输出功率 183.26mW，能量管理电路在满足节点 115.50mW 消耗的情况下，可将多余的电能存储到电池中；输出功率表达式为

$$P_{out} = \beta P \tag{6-2}$$

式中　$P_{out}$——能量管理电路输出功率；

　　　$P$——温差发电模块输出功率；

　　　$\beta$——转换值。

综上所述，微电量管理电路完全可以满足监测节点正常工作时的电能需求。

表 6-2　　　　　　　　　　　　系 统 各 模 块 功 耗

| 模　　块 | 运 行 功 耗 / mW | 节 能 功 耗 / mW |
|---|---|---|
| 温度模块 | 3.30 | 0.825 |
| 无线模块 | 92.40 | 0 |
| MCU | 19.80 | 0.00132 |
| 总功耗 | 115.50 | 0.82632 |

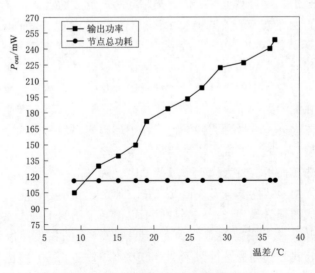

图 6-19　温差与输出功率的关系

该案例设计并完成了电力设备低功耗自供电监测系统，从能量采集模块、微电量管理电路设计、低功耗设计、系统上位机设计等方面对系统进行了详细的介绍，该系统可以监

测变压器的温度运行状态，同时可以采集变压器所产生的热量为系统供电。测试结果表明，系统可以有效地采集变压器所发出的热量，并且通过微电量管理模块进行升压稳压，可以满足系统的电能需求。能够采集变压器的温度信息，判断是否异常，通过 SPI 通信进行无线传输到上位机进行预警。

### 6.1.4　煤场无源物联网监测系统

党的二十大报告中强调指出，要推进国家安全体系和能力现代化，坚决维护国家安全和社会稳定。经济安全是国家安全的基础，确保能源资源、粮食等重要产业链、供应链安全是维护经济安全的重要内容。其中，能源资源安全是关系国家经济社会发展的全局性、战略性问题。

积极稳妥推进碳达峰、碳中和对能源清洁低碳转型提出了更高要求，对战略性矿产资源的需求仍将保持在较高水平，应如何守住能源安全底线？

首要是坚持立足国内多元供应保安全，充分发挥煤炭的"压舱石"作用和煤电的基础性调节性作用，进一步建立健全煤炭、石油储备体系，确保能源供应保持合理的弹性裕度。相关政策陆续出台，2011 年国家发展和改革委员会（以下简称国家发展改革委）下发《国家煤炭应急储备管理暂行办法》，2021 年国家发展改革委下发《关于做好 2021 年煤炭储备能力建设工作的通知》等，保障全国将形成约 6 亿 t 的煤炭储备能力，其中政府可调度煤炭储备不少于 2 亿 t，另外 4 亿 t 是企业库存，通过最低最高库存制度进行调节。

近年来，我国每年的煤炭生产量都维持在 35 亿 t 以上，并且在未来很长一段时间，煤炭需求量只会有增无减，煤炭资源仍会是支撑我国工业生产乃至社会方方面面发展最重要的燃料。我国虽然作为世界最主要的煤炭产出和消耗国，但因煤自燃而造成的安全事故和环境问题也非常突出。煤自燃引发的矿井热害问题严重威胁着煤矿正常生产与安全。据统计，我国有超过 50％的煤矿存在煤自燃的风险，而由煤自燃引发的煤矿火灾占每年总火灾数的 90％以上，事故原因如图 6-20 所示。煤矿火灾的发生又容易伴生其他矿井事故，从而造成重大井下作业人员的伤亡，所以找寻解决煤矿煤自燃及其热害问题的方法刻不容缓。煤在环境温度下与空气中的氧气通过物理吸附、化学吸附及氧化反应等一系列复杂过程产生一定热量。在低温条件下氧气与煤反应总体上是放热的，其产生的热量如不能顺利通过热传导和热对流向外充分散发，则会蓄积在煤体内使煤的整体温度逐步地升高，当达到煤的临界自热温度后，氧化升温速率会明显加快，经过一段时间后，这样的复合反应很容易作为煤自燃的热源而引起重大煤火事故的发生。

我国煤自燃频发的地区主要分布在西北和华北地区，其中数内蒙古、新疆地区因煤自燃而引起的煤火造成的损失最为严重。煤自燃不仅损耗优质的不可再生能源，并且导致周遭更多煤炭资源的开采被无限期停滞，造成大量能源资源的损失和浪费，如图 6-21 所示。根据资料显示，我国迄今为止因煤炭自燃损失掉 42 亿 t 以上的优质煤，而且现在仍以每年 2500 万～3000 万 t 的燃烧速度持续上升。全球每年因煤自燃损失掉的煤炭资源可产生约 1000GW 的能量，这相当于全球 500 多座核电站全年产能的 2.5 倍。因此，无论是从环境污染问题还是从经济效益的角度考虑，必须对煤自燃引发的煤层燃烧进行长期且有效的治理。

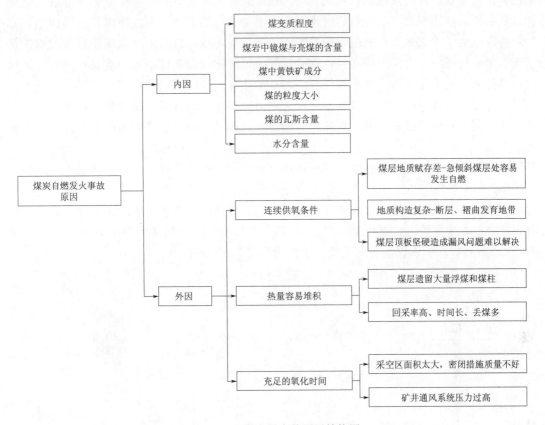

图 6-20　煤自燃事故原因结构图

图 6-21　煤场热值损耗

　　尽管煤自然灾害的危害是多方面的，但大面积的煤田燃烧时所蕴含的热量高，热能大，从另一角度看，因煤自燃所产生的巨额废热在一定程度上可视为能够进一步利用的潜在能源。如果能将煤自燃产生的热能加以回收利用，则具有巨大的能源开采潜力，极具利用价值。所以研究煤自燃热量的提取及有效利用是十分必要的。

　　半导体温差发电是一种基于塞贝克效应，将热能直接转换为电能的技术，可看作是一个没有任何移动组件的发电机。因此，与传统的发电机相比，它具有更高的可靠性，低维护以及更长的使用寿命。此外，它使用时无噪声，对环境友好，可以将来自外界的热量直接转换为电能。而煤火本身所蕴含的热能大、热能高等特点自然而然地为半导体发电扮演了热引擎的角色。火灾发生的必要条件是氧气、可燃物以及热源，这三者缺一不可，灭火只需要将削弱这三者中的一个条件即可。而从消除煤自燃热害的角度来看，将煤自燃产生的热量进行及时有效的移除可以抑制甚至达到消除煤自燃的目的。热管是一种在密封的管状腔体中充入液体工质并根据工质的相变吸热及放热来实现热量高效传输的元件，在工程技术应用及科学研究中获得广泛的应用。它是被动冷却技术中移热效能最好的元件，其热量传递性能比同样形状大小的其他导热体高出近百倍。同时热管也具备传热能力大、传热温差小、均温性能好以及单向传热和安全经济等特点。正是因为热管的这些特点，使得热管理所应当地被选用于提取煤自燃产生的热量，并将热量安全高效地传递至半导体温差发电系统中，方便系统进行热电转换。基于半导体温差发电的煤场无源物联网监测系统如图 6-22 所示，煤场无源物联网监测系统预警终端如图 6-23 所示。

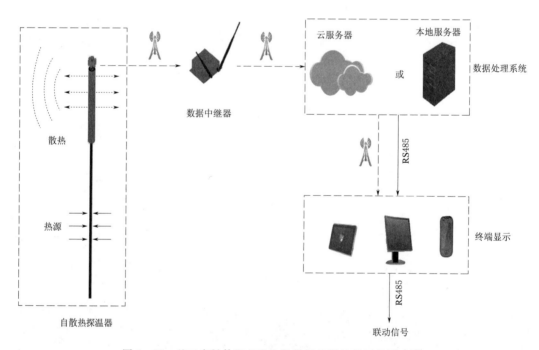

图 6-22  基于半导体温差发电的煤场无源物联网监测系统

该煤场无源物联网监测系统预警终端具有主动超导散热，破坏煤堆热点蓄热环境的作用。可以及时发现煤堆（内部）热点，实现"三级"预警功能。物联网无线数据采集和组网，实现数据采集、分析和可视化监控。数据处理系统由服务器或云平台、控制平台组成。服务器为独立数据存储中心，专门为煤堆自散热式测温系统提供数据存储和大数据分析。云平台是数据经 Internet 网络的 WEB 平台向用户提供数据记录、统计、分析、查询用。控制平台为数据终端显示和控制设备，可适配电脑、手机、PAD 等终端设备，控制平台可按照客户要求定制预警和报警界限，信息推送对象和推送方式。煤场无源物联网监测系统如图 6-23 所示。

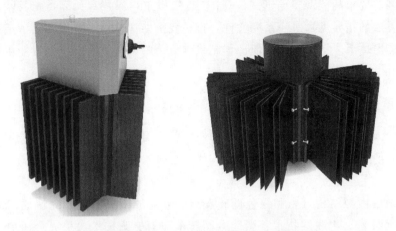

图 6-23　煤场无源物联网监测系统预警终端

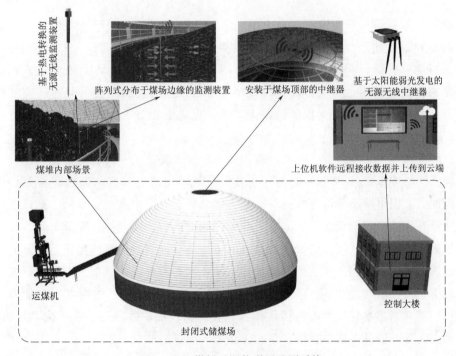

图 6-24　煤场无源物联网监测系统

# 6.2　5G ＋ 智 慧 能 源

　　"智慧能源"是指充分开发人类的智力和能力，通过不断地技术创新和制度变革，在能源开发利用、生产消费的全过程中融合人类独有的智慧，建立和完善符合生态文明和可持续发展要求的能源技术及能源制度体系，从而呈现出的一种全新的能源形式。简而言之，智慧能源就是指拥有自组织、自检查、自平衡、自优化等人类大脑功能，满足系统安全、清洁和经济要求的能源供给形式。"十三五"以来，国家有关部委先后印发《关于促进智能电网发展的指导见》等一系列文件，推进我国能源革命，推进构建清洁低碳、安全高效的现代能源体系，标志着我国能源体制机制改革跨入历史新起点，智能源体系正在逐步形成。

## 6.2.1　智慧能源体系

能源是为人类生产和生活提供能量的物质，是人类社会发展的基石，是世界经济增长的动力。当今的第四次能源革命，将依托现代信息技术和新能源技术，形成一种全新的智慧能源体系。

我国正面临能源结构调整和绿色低碳发展的重大战略机遇，依托快速发展的信息化技术、互联网技术、物联网技术、智能电网技术和新能源技术，系统全面地研究智慧能源体系建设和发展所面临的突出问题，已经成为当前亟待解决的重大科学技术问题之一。

智慧能源体系是基于泛能网、微电网、智能电网、能源互联网的一种较高形式的供给系统的总和。这种泛在级能源供给体系主要作用表现在两个方面：一方面，可以基于互联网进行能源监测、调度和管理，提高可再生能源的利用比例，实现供能方式的多元化，优化总体能源结构；另一方面，可以基于互联网进行能源的公平交易、高效管理和精准服务，促使供需对接，实现能源按需流动，促进资源节约及高效利用，降低能源消耗总量。

智慧能源体系是具有多源、互动、自主、协调四大特征的一种物理能源网络体系。这种物理能源网络体系以实现更加清洁、高效、灵活的用能为目标，通过整合及协调微电网、泛能网、智能电网、能源互联网等多组态能源形态，实现就地、局域、地区及跨区范围的多能互补和能源资源优化配置。其中能源互联网结构如图 6－25 所示。

一般来说，能源互联网的定义主要由两部分组成：一是对能源体系进行数字化、智能化改造；二是搭建和新能源相关的网络信息系统，从而实现低碳节能。有关文献对能源互联网有如下定义：以智能电网为基础平台，深度融合储能技术，构建多类型能源互联网络，即利用互联网思维与技术改造传统能源行业，实现横向多源互补、纵向"源-网-荷-储"协调、能源与信息高度融合的新型能源体系，促进能源交易透明化，推动能源商业模式创新。

能源互联网可理解是综合运用先进的电力电子技术、信息技术和智能管理技术，将大量由分布式能量采集装置、分布式能量储存装置和各种类型负载构成的新型电力网络节点互联起来，以实现能量双向流动的能量对等交换共享网络。能源互联网的关键特征表现为以下几个方面：能源协同化、能源高效化、能源市场化、能源信息化、参与者对等开放性及安全可靠性。

能源互联网是智能电网发展的高级阶段。它由一个或多个跨区域相互连接的智能电网

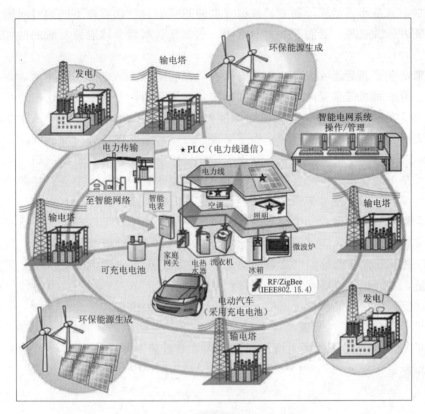

图 6-25 能源互联网结构示意图

的子系统构成，能够在同一个信息物理系统中实现多种能源的协调和优化。

智慧能源体系的发展路径可用图 6-26 加以描述。在由时间和范围两个变量构成的二

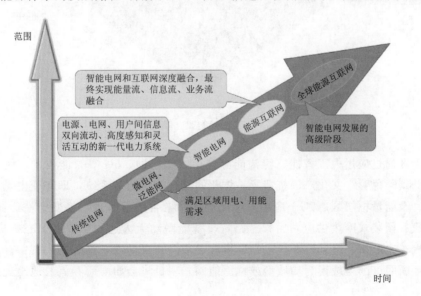

图 6-26 智慧能源体系的发展路径

维坐标图中，从左到右、从下到上，在传统电网的基础上，先后在不同的时间断面和发展阶段，呈现出从微电网、泛能网、智能电网、能源互联网到全球能源互联网的发展脉络和路径。

近年来，为了满足区域用电或用能的需求，先后出现了微电网和泛能网；为了实现电源、电网、用户间的信息双向流动、高度感知和灵活互动，产生了新一代电力系统，即智能电网；为了实现智能电网和互联网的深度融合，将催生出最终能够实现能量流、信息流、业务流相互融合的能源互联网；为了实现"一带一路"倡议和全球共同发展，未来将实现跨国和跨地区智能电网的互联，并逐步构建全球能源互联网。智慧能源体系是多种能源供给体系基于互联网思维的互联构成的新一代能源体系，它是人类进行能源开发和综合利用的新起点，在能源技术革命的历程中具有里程碑式的意义。

从政府管理者视角来看，能源互联网是兼容传统电网的，可以充分、广泛和有效地利用分布式可再生能源的，满足用户多样化电力需求的一种新型能源体系结构；从运营者视角来看，能源互联网是能够与消费者互动的、存在竞争的一个能源消费市场，只有提高能源服务质量，才能赢得市场竞争；从消费者视角来看，能源互联网不仅具备传统电网所具备的供电功能，还为各类消费者提供了一个公共的能源交换与共享平台。

以冬奥会文化广场"低碳街区"清洁能源项目工程为例，便是一个能源互联网的缩影。该项目是以"智慧社区＋清洁能源"为要素搭建的绿色能源互联网应用场景，如图 6 - 27 所示。

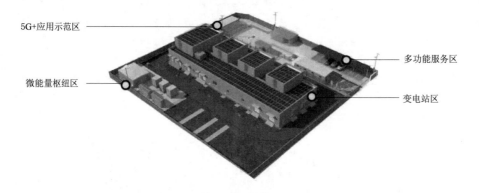

图 6 - 27　低碳街区能源互联网示意图

低碳街区通过应用人工智能、清洁能源应用、物联网、5G 等智能技术，使文化广场充满了"低碳"色彩。文化广场打造了一体化的综合能源服务系统，即将变电站区、多功能服务区、微能量枢纽区、5G＋应用示范区等多站融合进行管理，将变电站、移动储能、分布式光伏、预装式冷热供应站、智慧路灯、智能联动无人巡检、数据中心机房、5G 基站、电动汽车充电站、电动汽车换电站、换电 e 站以及自助洗车站等融入其中。今后，这样的能源互联网（因为规模为局域型或称泛能网）项目将会如雨后春笋般地出现及快速地成长。

能源互联网聚集了新能源、新材料、特高压、储能、电动汽车、5G、大数据等"新基建"和关键技术，是世界科技竞争的前沿阵地。建设我国能源互联网将有力推动这些领域技术创新和高端装备制造，促进产业链升级、价值链提升，打造经济发展新模式、新业态、新动能，在扩大有效投资、促进经济持久稳定增长中发挥"火车头"作用。

美国著名经济学家杰里米·里夫金的第三次工业革命和能源互联网的提法最近引起广泛关注。杰里米·里夫金认为："在即将到来的时代，我们将需要创建一个能源互联网，让亿万人能够在自己的家中、办公室里和工厂里生产绿色可再生能源。多余的能源则可以与他人分享，就像我们现在网络上分享信息一样。"

能源互联网其实是以互联网理念构建的新型信息能源融合"广域网"，它以大电网为"主干网"，以微电网为"局域网"，以开放对等的信息能源一体化架构，真正实现能源的双向按需传输和动态平衡使用，因此可以最大限度地适应新能源的接入。微电网是能源互联网中的基本组成元素，通过新能源发电，微能源的采集、汇聚与分享以及微电网内的储能或用电消纳形成局域网。大电网在传输效率等方面仍然具有无法比拟的优势，将来仍然是能源互联网中的主干网。虽然电能仅仅是能源的一种，但电能在能源传输效率等方面具有无法比拟的优势，未来能源基础设施在传输方面的主体必然还是电网，因此未来能源互联网基本上是互联网式的电网。能源互联网把一个集中式的、单向的电网，转变成和更多的消费者互动的电网。

事实上，美国和欧洲早就有能源互联网的研究计划。2008 年美国就在北卡罗来纳州立大学建立了研究中心，希望将电力电子技术和信息技术引入电力系统，在未来配电网层面实现能源互联网理念。效仿网络技术的核心路由器，他们提出了能源路由器的概念，并且进行了原型实现，利用电力电子技术实现对变压器的控制，路由器之间利用通信技术实现对等交互。德国在 2008 年也提出了 E-Energy 理念和能源互联网计划。

## 6.2.2　传统电网

电力系统是由发电厂、变电站、输电网、配电网和电力用户等环节组成的电能生产、传输与利用系统，如图 6-28 所示。发电厂将自然界的一次能源通过发电动力装置转换成电能由输电系统、变电系统，将电能输送到负荷中心，再由变电站向客户供配电。电力系统的特点是电能主要沿一个方向流动，从大型集中发电机流向用户。其中，发电厂产生电能，发电有多种方式，如太阳能、风能、化石燃料、水能、核能等；输电网负责电能输送，电流沿着高压输电线路流动，将电能输送至各个方向；变电站的任务是汇集电源、变换电压、分配电能；配电站在电力系统中与用户相连并向用户分配电能；杆上变压器再次降低电压以供用户使用；用户群为电力系统中广大用户使用的各种电气设备等。

传统电网总体上是一个刚性系统，智能化程度不高；电源的接入退出、电能的传输等缺乏良好的灵活性，电网的协调控制能力不强；系统的自愈及自恢复能力完全依赖于设备冗余配置；对用户的服务形式简单、信息单向；系统内部存在多个信息孤岛，信息之间缺乏共享，无法构成一个实时的有机统一整体；难以应对来自新能源供应或网络攻击的威胁；难以满足对供电可靠性和电能质量的高度需求；对大规模新能源接入电网时电网侧对应机制和方法尚欠缺。

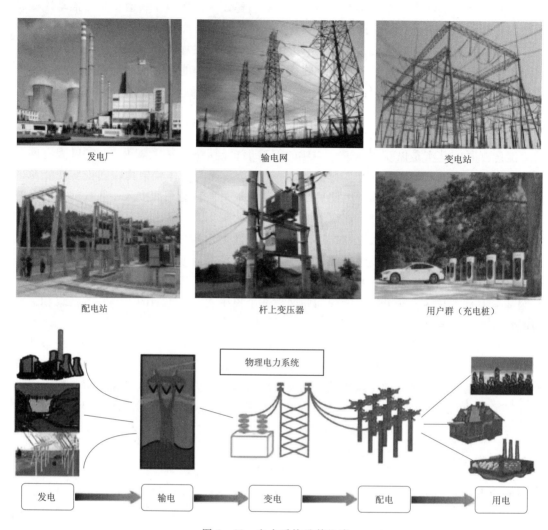

图 6-28　电力系统及其组成

　　太阳能和风能是公认的可规模化开发和利用的一类新能源，然而，由于太阳能及风能为代表的新能源具有随机性和间歇性特征，此类大量新能源电力集中或分布接入电网，由于电网对应机制的不完善，可能会导致电网的波动性及降低可控性，因此传统电网无法适应大宗新能源接入的需求。只有发展智能化电网，才能满足大量新能源集中或分布式接入的需要，并确保系统的安全性及可靠性需求。充分发挥电网资源优化配置作用，建设安全水平高、适应能力强、配置效率高、互动性能好、综合效益优的智能电网，已成为能源和电力行业发展的必由之路，是人民追求美好幸福生活的基础保障。

　　但是，值得重申的是，电网和通信网络是近亲，通信网络自从电网产生那天起就已经成为其重要的部分，起到了非常重要的作用。当代，由于能源体系及电网体系的变革，对通信网络提出了更新的要求。好在恰逢通信网络的技术发展进步神速，确实为智能电网的发展提供了好的时机及技术。新型通信网络如何与传统电网融合并赋能得到了充分的重视，如何将现代通信技术快速广泛地部署于整个电网，并保持经济性和安全可靠性，是业界人士研究的重点。事实上，现代通信技术与电网的结合越来越紧密，融合赋能效果越来越明显，智能电网的技术变革越来越深刻，让传统电网转变为智能电网目标正在逐步实现。现代通信系统和电力网络系统这两个领域在技术上充分结合非常令人期待。

### 6.2.3 智能电网

智能电网就是电网的智能化，智能电网是电力与信息双向流动的能量交换网络，智能电网也被称为"电网2.0"，是建立在集成的、高速双向通信网络的基础上，通过先进的传感和测量技术、先进的设备技术、先进的控制方法以及先进的决策支持系统技术的应用。智能电网围绕着电力系统进行，智能电网本身就是一种物联网，尤其是智能电网的配电部分更是泛在物联网。

当下，智能化技术正在从科技向产业渗透，随着各种先进技术在电网中的广泛应用，智能化已成为电网发展的必然趋势。专家认为，从特点来看，智能电网应具备电力和信息的双向流动性，以便建立一个高度自动化（智能化）的和广泛分布的能量交换网络。

电网和通信网要融合在一起，为了实现实时信息的交换，需要把分布式计算、云计算、大数据、人工智能等引入电网。但是由于智能电网本身的复杂性，涉及广泛的利益相关者，需要漫长的过渡、持续的研发和多种技术的长期共存。短期内可以着眼于实现一个较为智能的电网，利用已有的或即将可以配置的技术使目前的电网更有效，助力提供优质电力。而远期设想中的智能电网将像互联网那样改变人们的生活和工作方式。

智能电网是全球能源互联网的基础。它是在传统电力系统基础上，通过先进传感技术、信息技术、控制技术、储能技术等新技术形成的新一代电力系统网络，具有高度信息化、自动化、互动化等特点，能够适应各类集中式、分布式清洁能源的灵活接入和错峰调节，可以满足用户多样化需求。智能电网广泛连接能源基地、各类分布式电源和负荷中心，并与周边国家的能源互联互通，实现各种清洁能源跨区、跨国甚至跨洲的互联互通，帮助破解超远距离、超大容量输电难题。希望智能电网能在发挥电力系统大电网坚强网架的基础上，有效解决发电能源的随机性、间歇性问题，更可靠地保障能源供应。

随着电子技术、计算机、自动化技术、通信技术的发展，以大机组、大电厂、高电压、高度自动化为特点的电力系统大电网已经形成，这样的电网已成为现代社会生产、人民生活的主要动力来源。近年来，随着社会经济的发展，用电要求增长速度飞快，传统电网负荷过重且老化严重，很多网点容易发生故障从而造成断电。再有，传统电网对于大规模新能源发电纳入不适应，亟须改造。

电网的一端联系着众多发电厂，另一端牵涉输电、供电、庞大的用户群，技术十分复杂。未来的电网要达到电力资源的优化配置，保证电力输送的稳定和优质，保证新型的用电设备发挥自动化、信息化的优势，达到供电和用电的清洁环保标准……这些都需要借助最先进的传感测量技术、通信信息技术、计算机技术和控制技术等高新技术和设备，它们与发电、输电、供电设施一起，组成全新的电网系统——智能电网。图 6 - 29 表示了传统电网与智能电网的区别，最大的不同之处在于双向信息流的交互、智能化程度、新能源的加入。新元素的加入对通信技术的要求有了更高的期望值，需要更快的反馈速度，更多的数据加护、更强的逻辑判断能力及运行策略，系统运行及网络运行更安全的机制，更高的运行效率。对于原有通信系统的不同与不足之处，可以发扬 5G 通信技术的特点，来帮助能源电力大系统电网实现智能的愿望。

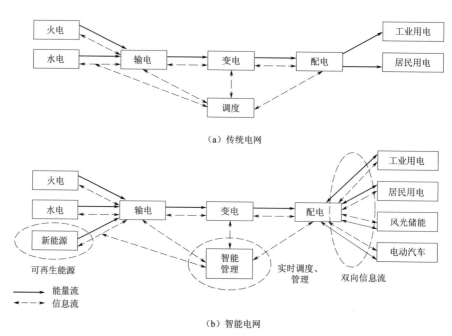

图 6 - 29　传统电网与智能电网的区别

　　智能电网是一个完全自动化的电能传输网络，它能够监视和控制每个用户和电网节点，保证从电厂到终端用户整个发电、输电、配电过程中所有节点之间的信息和电能的双向流动，向用户有效地提供安全优质的电能。还有，智能电网中支持多种可再生新能源、储能系统的接入，为新能源走进能源大家族提供了可靠的技术保证，也将为挑战新一代能源危机、环境危机做出重要贡献。与传统电网相比，智能电网体现出电力流、信息流和业务流的高度融合的显著特点，能够适应大规模清洁能源和可再生能源的接入，可获取电网的全景信息，运行管理与控制灵活，能及时预见发现故障，并能实现自我恢复，电网的坚强性得到巩固，柔性得到了提升，双向通信系统也使服务项目更加快速便捷。

　　"4G 改变生活，5G 改变社会"。5G 把人与人的连接拓展到万物互联，为智能电网发展提供了一种更优的无线解决方案。5G 不仅能带来超高带宽、超低时延以及超大规模连接的用户体验，其丰富的垂直行业应用将为移动网络带来更多样化的业务需求，尤其是网络切片、能力开放两大创新功能的应用，将改变传统业务运营方式和作业模式，为电力行业用户打造定制化的"行业专网"服务，可更好地满足电网业务差异化需求，也进一步提升了电网企业对自身业务的自主可控能力和运营效率。

　　图 6 - 30 为智能电网基本环节，表示了智能电网可以起到的作用。

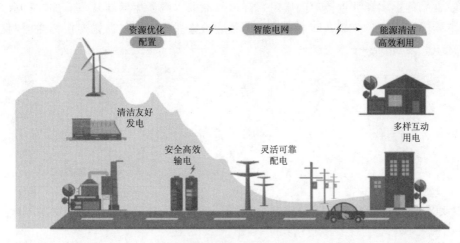

图 6-30 智能电网基本环节

图 6-31 为智能电网的结构示意图，图 6-32 为 5G 通信网与电力设备关联状况。智能电网就是通过传感器把各种设备、资产连接到一起，形成一个客户服务总线，从而对信息进行整合分析，以此来降低成本，提高效率，提高整个电网的可靠性，使运行和管理达到最优化。在这里，不仅电力公司可以读到用户的电表，用户也能看到整个城市的电力供

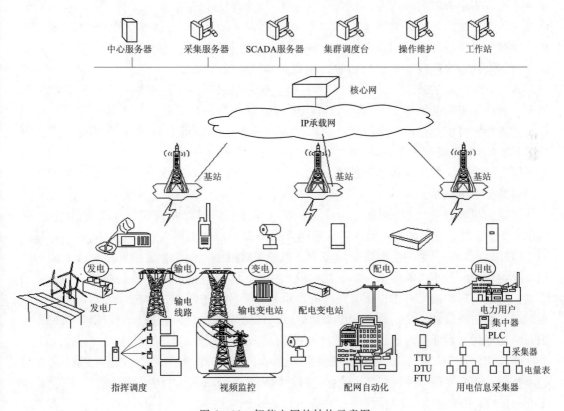

图 6-31 智能电网的结构示意图

求情况,在功能上实现数据读取的实时、高速、双向。智能电网涉及范畴广,将会为输电网、配电网、用户侧、分布式新能源发电等领域带来非常大的机遇,现在智能电网已成为世界各国竞相发展的一个重点领域。

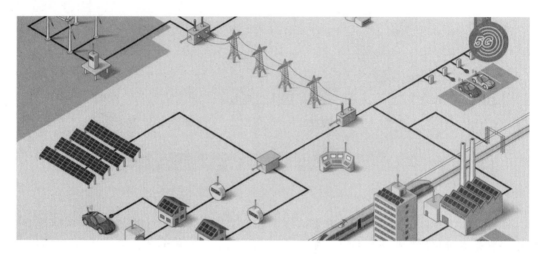

图 6 - 32　5G 智能电网

电力系统是复杂的动态系统,由于 5G 新技术的出现,通信与电力系统的集成更加强了向系统垂直融合赋能的力量。要充分理解电力系统和通信网络的交叉特性,这会为找出能源电力和信息之间的新型关系提供动力与途径,比如物联网。物联网,无物不联的时代,将有大量的设备接入网络,这些设备分属不同的工业领域,它们具有不同的特点和需求,智能电网的物联网特性十分明显。还有,不同的设备系统对于网络的安全性、时延、可靠性均有了更高的要求。为满足这些需求,5G 网络通过对实际网络的资源和功能进行划分,形成了不同的网络切片。每个切片可以被看作是一个逻辑网络,是实现网络安全性、灵活性和可扩展性的关键技术之一,在提高网络安全性的同时,降低了网络运营投资成本。网络切片是将一个物理网络切割成多个虚拟的端到端网络,每个虚拟网络之间(包括网络内的设备、接入、传输和核心网)是逻辑独立的,任何一个虚拟网络发生故障都不会影响其他虚拟网络。

依据应用场景可将 5G 网络分为 3 类:移动宽带、海量物联网和任务关键性物联网。由于 3 类 5G 网络应用场景的服务需求不同,且不同领域的不同设备大量接入网络,这时网络切片就可以将一个物理网络分成多个虚拟的逻辑网络,每一个虚拟网络对应不同的应用场景,从而满足不同的需求。在智能电网,用 5G 网络切片承载电网业务是一种全新的尝试,将运营商的网络资源以相互隔离的逻辑网络切片,按需提供给电网公司,可以应用在智能电网用电信息采集、分布式电源、电动汽车充电桩控制、精准负荷控制等关键业务中,满足电网不同业务对通信网络能力的差异化需求。

网络切片是 5G 区别于 4G 的标志性技术之一,是 5G 赋能千行百业数字化转型升级的核心基础。随着电网 5G 电力切片试点项目的顺利推进,为电力行业的网络切片应用树立了新的标杆,并将有助于推动网络切片在其他行业的应用。在网络切片的推动下,未来万物互联的场景将会得到实现,自动工厂、远程医疗、无人驾驶、车联网等以超高速率、超低时延、高可靠性的通信为基础的新技术日益普及，给人们的生活带来了更大便利，将极大地改变人们的生活方式。

国家发展改革委、国家能源局联合印发《关于促进智能电网发展的指导意见》（发改运行〔2015〕1518号），明确指出"智能电网是在传统电力系统基础上，通过集成新能源、新材料、新设备和先进传感技术、信息技术、控制技术、储能技术等新技术，形成的新一代电力系统，具有高度信息化、自动化、互动化等特征，可以更好地实现电网安全、可靠、经济、高效运行。"智能电网的概念涵盖了提高电网科技含量、提高能源综合利用效率、提高电网供电可靠性、促进节能减排、促进新能源利用、促进资源优化配置等内容，是一项社会联动的系统工程，最终实现电网效益和社会效益的最大化，代表着未来发展方向。智能电网以包括发电、输电、配电、储能和用电的电力系统为对象，应用数字信息技术和自动控制技术，实现从发电到用电所有环节信息的双向交流，系统地优化电力的生产、输送和使用。总体来看，未来的智能电网应该是一个自愈、安全、经济、清洁的并且能够适应数字时代的优质电力网络。

说到5G的价值，从宏观层面，全球各国基本已达成共识，5G已成为全球各国数字化战略的先导领域，是国家数字化、信息化发展的基础设施。同时，如能源电力、汽车、工业制造等更多的垂直行业深度参与5G标准，引导了各自领域的标准制定，使5G技术能够更好地服务于各垂直行业。聚焦到智能电网领域，尤其在智能配用电环节，5G技术为配电通信网"最后一公里"无线接入通信覆盖提供了一种更优的解决方案。未来，智能分布式配电自动化、高级计量、分布式能源接入等业务可借力5G取得更大技术突破。5G网络可发挥其超高带宽、超低时延、超大规模连接的优势，承载垂直行业更多样化的业务需求，尤其是其网络切片、能力开放两大创新功能的应用，将改变传统业务运营方式和作业模式，为电力行业用户打造定制化的"行业专网"服务。5G相比于以往的移动通信技术，可以更好地满足电网业务的安全性、可靠性和灵活性需求，实现差异化服务保障，进一步提升了电网企业对自身业务的自主控制能力。

当前，在能源革命和数字革命大背景下，智能电网正加速向能源互联网转型升级，能源技术与数字技术加速深度融合，源-网-荷-储协同互动技术、多种能源优化互补技术将推动能源互联网的物理网架、信息支持、价值创造三大体系从战略走向实践。

5G在设计之初便面向更广泛的垂直领域，为智能电网、尤其在配电网领域，提供了一种更优的无线解决方案。对于能源电力企业，利用5G网络为电力业务提供差异化、安全可靠的"行业专网"服务和网络自身的开放能力，实现智能电网低成本、快速便捷、安全可靠的无线通信接入及更自主可控的网络管理能力。对于电信运营商，智能电网应用是5G解决方案的典型，通过深入研究能源电力业务通信需求，提供5G智能电网行业解决方案，可逐步完善自身5G网络的建设规划，并为其他行业的推广提供经验。5G智能电网的应用目前处于起步阶段，后续能源电力企业会与电信运营商、通信设备厂商共同引领电力通信领域技术的标准化，推动电力通信终端模组通用化，做好通信业务管理支撑平台，实现差异化的电力网络切片服务，提升对通信业务的可管可控能力，支撑智能电网的可持续发展。

发展新型电力系统的过程，本质是适应新能源大规模接入的过程。为了适应新能源发电比例和终端电气化率的快速提升，新型电力系统将呈现出清洁低碳、安全灵活、数字化及市场化四大特征，进而实现电力流、信息流和价值流的"三流合一"，以支撑"双碳"目标的达成。

### 6.2.4　智能微电网

进入 21 世纪以来，分布式电源技术作为一种新兴的能源技术，可以同时满足能源需求、减少温室效应和提高供电可靠性，是未来世界可持续发展能源技术的重要方向。微电网作为大电网的有效补充和分布式能源的有效利用形式，能够协调大电网与分布式电源间的矛盾，充分挖掘分布式能源为电网和用户所带来的价值和效益，目前已经得到世界各国的广泛关注。

工业园区中的工业用能占比较高，其用能呈现出能源需求量大、用能区域范围集中、用能行为规律和用能形式多样的特点，适于微电网的建设。发展工业园区微电网，首先，可在增强大电网韧性与灵活性的同时，保证工业用电质量和供电可靠性。通过对网内源-荷-储的有效整合，微电网一方面可使资源更好地匹配电力负荷的特征，提供差异化的用电需求、保障特殊负荷供电质量；另一方面为大电网提供备用、调峰、调频等服务，给大电网安全运行提供灵活性资源保障，提升电力系统的整体韧性。其次，工业园区微电网可以为分布式可再生能源"就地收集，就地存储，就地消纳"提供新的应用场景，助力工业用能绿色低碳转型。近年来，全球低碳转型趋势加快，国内外一些大型企业纷纷提出减碳或零碳的目标，碳排放正在成为全球供应链、产业链低碳转型的重要变量，"碳足迹"逐渐成为产品竞争比较优势的主要指标。因此，为工业生产提供充足的、可核证的低碳零碳能源将是未来工业能源基础设施需要具备的能力，工业园区微电网可在其中发挥领头羊的作用。

微电网是由分布式电源、储能装置、能量转换装置、负荷、监控和保护装置等组成的小型发配电系统。对于电网来说，微电网可视为电网中的一个可控元件，既能作为可控电源向大电网提供电能，又可作为一般电力负荷从电网吸收功率。对于用户来说，微电网是一个具有较高灵活性和可靠性的供配电系统，能够满足用户多样性的供电需求。微电网在解决电网供电不足，助力碳达峰、碳中和，提高电网供电灵活性与可靠性等方面将大有作为，发展微电网具有重要的现实意义。

微电网的发展随着智能电网、能源互联网相关技术的发展而共同推进，同时微电网技术的发展也支撑了相关技术的发展。随着新型电力系统、智能电网的提出，对微电网的发展提出了更高的要求。

可以预见，由于"分布式"的来临，未来新型电力系统的需求侧系统将是一个个拥有多种形式分布式能源、储能基础设施、柔性智能配电网络和可观可控负荷的"源-网-荷-储"一体化的小型电力生态系统，即微电网。更加简练一点说，微电网是一种由分布式电源组成的独立系统，一般通过联络线与大电网相连，由于供电与需求的不平衡关系，微电网可选择与大电网之间互连运行（并网）或者独立运行（离网、或孤网）。储能作为微电网的重要组成部分，在微电网运行控制和能量管理中成为不可缺少的部分。图 6-33 表示了微电网及大电网的关系。图中右侧为大电网，左侧为某个园区组成的微电网物联网，通信网络支持了园区物联网的联络。可见，微电网的"插头"（与大电网的连接输入线）插入"插座"（大电网输入端口）就可以与大电网并网运行，"插座"拔下即为微电网的孤网（或孤岛）运行，其中通信系统强有力的加盟成为智能微电网安全高效运行的有力支撑。

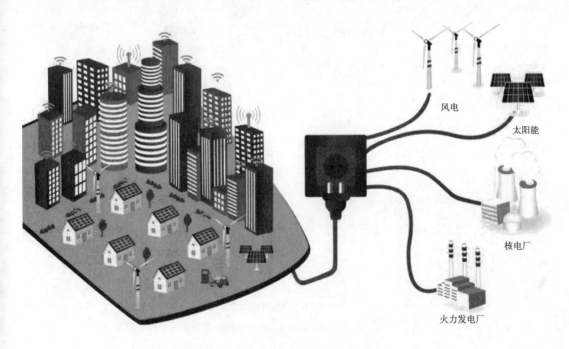

图 6-33　微电网与大电网关系示意图

　　智能微电网由现代通信系统、数字化终端设备、绿色能源管理体系、新型电力电子技术、智能控制技术组成。微电网系统优先利用本地的分布式清洁能源，促进平衡消纳，实现削峰填谷，并可与电网或其他微型电力生态系统进行电力流、信息流、价值流的实时交互、灵活响应、相互支撑，实现清洁低碳、节能高效、成本最优、安全可靠的目标。以新能源为主体的新型微电网系统通过进行信息采集和运行分析，依据数字化技术，将"无序"数据转化为有价值的数据信息，提升成为控制策略与指导方案，进而不断提升运维管理效率，以达到"可观、可测、可控"水平，优化电网安全性及灵活性。智能及智慧化了的微电网，也称作智能微电网、智慧微电网。图 6-34 为智能微电网的基本结构图，智能微电网表现出了显著的物联网特性。随着分布式能源的快速发展，高渗透率可再生分布式能源对电网的影响日益明显，其中的能量管理系统越来越引起业界的关注与重视。

　　智能微电网控制及能量管理系统如图 6-35 所示，系统具备"智能感知、智能处理、智能判断"的特点，能实现智能决策及运行管理及确保安全、可靠、经济地运行。图 6-36 为光伏与风力发电模块控制及能量管理画面。感知、处理、判断及控制系统与通信系统有着紧密的关系，融会贯通，为优质电力保驾护航。

　　微电网信息采集与通信技术非常重要，信息采集和双向通信平台是微电网的基础支撑。微电网的信息采集与通信技术通过设置在分布式电源、负载以及变压器等的监测设

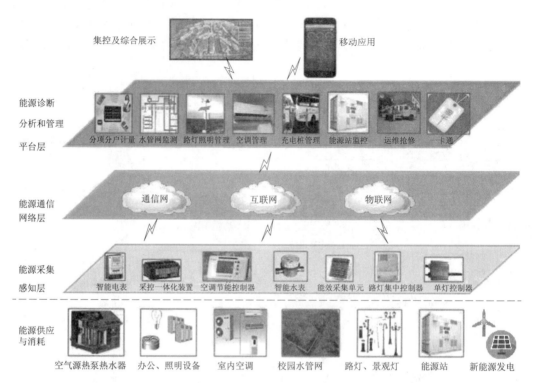

图 6-34 智能微电网的基本结构

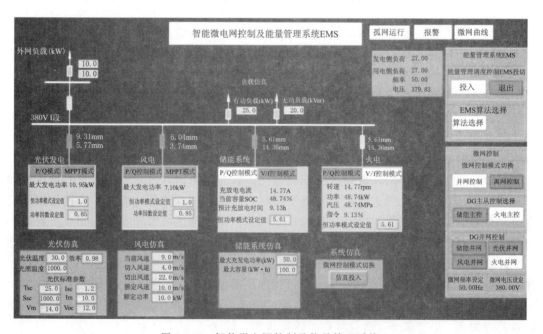

图 6-35 智能微电网控制及能量管理系统

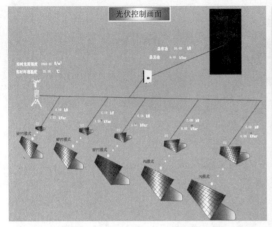
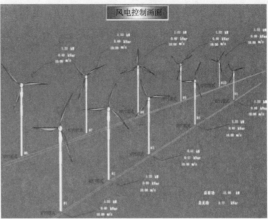

图 6-36 光伏与风力发电模块控制及能量管理画面

备，读取微电网的实时运行数据，将其传输至控制处理微电网监控平台进行统计和分析，并发出相应的控制与调度指令，监控微电网运行情况。微电网的运行控制、能量优化、响应配电网调度等高级应用都需要依赖信息采集和双向通信平台。微电网的信息采集与通信应满足以下需求：

（1）开放：基于开放技术的网络架构提供可实现"即插即用"的平台，安全地连接各类网络装置，允许之间互通和协作。

（2）标准：通信的主要组成部分以及之间的交互方式必须明确、规范。

（3）扩展：应有足够的带宽以支持当前和未来的微电网功能需求。

（4）实时：通信速度必须满足微电网运行控制对实时性的要求。

（5）集成：集成各类实时数据，为微电网分析系统提供可靠及时的微电网运行和用电需求信息。

目前国内外对微电网的信息采集和通信尚缺乏统一的标准，设计及操作时应注意国内外及业界的微电网控制通信协议扩展、微电网信息模型扩展，还有些技术尚有待研究。为满足微电网对实时性和开放性的要求，系统信息通信架构的设计需投入大量的研究与实践工作。

目前，一些国家已纷纷开展微电网研究，提出了各自的微电网概念和发展目标。作为一个新的技术领域，微电网在各国的发展显现出不同的特色。微电网在我国尚处在起始阶段，对微电网的关键组成部分的分布式发电、储能、控制、通信网络等的研究成为学者与业界关注的热点。其中，微电网中的通信技术非常关键，图 6-37 表示了某微电网的通信架构图。此智能微电网示范系统位于某科研园区，分布式电源包括光伏、直驱式小风电、电池储能系统，以楼栋部分动力负荷为重要负荷，照明负荷为一般负荷。各种分布式发电单元、储能和负荷通过能量路由器接入微电网，同时有对楼栋办公室、会议室进行智能用电改造的需求。

微电网的运行需要在采集不同特性的分布式电源单元信息的基础上，通过配电网级、微电网级、单元级各控制器间的相互通信来实现。以电力电子器件为接口的分布式电源单

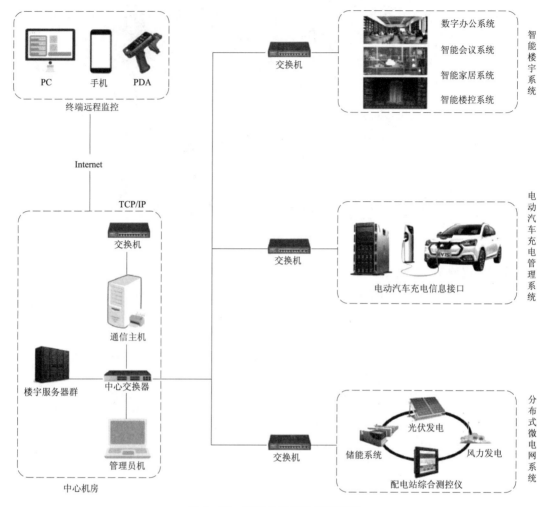

图 6-37　某微电网的通信架构图

元与常规同步机的特性有很大的差别，因而在微电网的运行控制与能量管理过程中对通信技术的可靠性和速度提出了更高的要求。通信技术还直接关系到微电网能否提供更快捷、方便的辅助服务；要在响应特性不同的设备之间建立连接，成为网关技术面临的挑战；应对低消耗、高性能、标准型网关的需求，以及通信协议的标准化，是能量管理系统开发中的一个重要组成部分。微电网要取得最终成功，绝非一蹴而就，需要更好的通信系统的支撑加成。微电网与通信系统一起循序渐进，理念与创新先进，以成功案例引导落地执行是必经之路径。

　　能源电力中还有许多应用到 5G 通信关键技术的领域，如无人机与机器人巡检、客户端智能电表数据集成与分析、发配电综合优化、VR/AR 技术、虚拟电厂与运营等。

　　需要指出及注意的是，智能电网、智能微电网在电网中嵌入了智能的概念。然而即使是智能这样的基本术语也还未被明确定义过。因为这需要讨论机器智能的各种定义，以及需要定义智能与通信、电网的关系。例如，实体需要多少通信才能成为智能等，这些都是令人着迷、高层次的问题，因此认真对待智能电网中的智能一词，是十分必要的。

还有一个是泛能网的概念，泛能网是在泛能理念的指导下，将能源网、物联网和互联网耦合成同一网络的智能协同网，亦即泛能网，泛能网与微电网的理念主要体现在满足区域"用能"与"用电"的需求上。泛能网将能源设施互联互通，利用数字技术为能源生态各参与方提供智慧支持，为用户提供价值服务，实现信息引导能量有序流动的能源生态操作系统。泛能网可以有机融合智能微电网、多种类型能源、物联网及用能物质的加入，基于能源大数据积累挖掘与智能决策，实现从需求到供给的智慧优化，从而达到信息与能量的高度融合，实现系统全生命周期的最优化和能效最大化。新型能源体系的能源互联网中的这部分内容尚在研究及示范场景实施中，读者需要帮助时可参考有关文献进行。

可以看到，在这场能源及电力革命中，新型能源"恐慌性"地加入、新型数字电力系统的迫切要求、智慧能源从需求到供给的智慧优化实现，对通信技术提出了高度融合赋能的期盼！

## 6.3　5G ＋ 电力储能应用

随着碳达峰、碳中和目标的提出，可再生能源占比例迅速提高的新型电力系统将加快建设速度。电力系统稳定与高效运行的关键，是要处理好能量的瞬时平衡及时空协调，而储能则是维系这种平衡与协调的重要手段。储能在技术上一般分为机械储能、电磁储能和电化学储能。近年来多种新型储能技术逐步实用化，抽水蓄能、新型压缩空气储能、锂离子电池、铅碳电池、液流电池、钠硫电池，以及飞轮储能和超级电容器等，它们具有各自独特的技术经济特点，大大丰富了电力储能技术的内涵，也为其应用增添了更多选择。

### 6.3.1　电力系统储能

巨大的需求使电力系统储能站在了前列。新能源和分布式配电网及微电网的加入，将使得电力运行方式发生深刻变化，未来的电力系统会呈现多组随机变量的平衡需求。大电网的数据化及智能化将改变它的"刚性"，使其"柔性化"，为了完成这项任务，除了现代通信技术，储能系统也将是一大助力。

传统电力系统是集电力生产、传输、分配和消纳于一体的连续系统，储能的应用为传统电力系统增加了存储电能的环节，由于储能的充放电特性，将使电力系统的调节性得以提高，电力系统由"刚性"系统迈出了成为"柔性"系统的步伐。面对新能源超规模化并快速地接入，将对发电、智能电网、消纳、能源互联网发展产生巨大的内在需求，因此储能被寄予了"基石"般的角色定位并快速地被实施。理论上，储能在电力系统"发、输、配、用"的各个环节均可发挥重要作用，储能到底在电力系统的哪个环节中能规模化应用，还取决于其自身的技术经济性，电力市场的支撑，以及与其他技术手段的博弈，通信技术融合赋能的程度如何。总的来说，储能技术的加入会大幅度提高电力系统的安全性、灵活性和可靠性。

目前关于储能应用于电力系统的研究、示范和运营的例子越来越多，多种储能技术及其系统正在其适宜的领域不断完善。但由于电力储能系统涉及多学科和专业，如何根据不同的应用需求选择适宜的储能技术、设计合理的应用系统并实现高效调控，是提高其技术经济性的重要保证。表 6-3 表示了储能在电力系统中的作用，展现了储能的多重价值。

表 6-3　　　　　　　　　　　储能在电力系统中的作用

| 应用领域 | 功能作用 | 实现的作用 |
|---|---|---|
| 发电侧 | 辅助火电机组运行 | (1) 提高火电机组参与电网调节的效率。<br>(2) 可作为火电机组的黑启动电源。<br>(3) 增加备用容量 |
|  | 提高可再生能源发电的并网消纳能力 | (1) 平滑风电或光伏出力，削减预测误差。<br>(2) 跟踪风电或光伏计划出力。<br>(3) 时移消纳，减少弃风弃光 |
|  | 替代或延缓新建机组 | 对于尖峰负荷高的区域，电网储能可以替代新建发电机组，减少投资 |
| 电网侧 | 提高系统运行稳定性 | 增加电力系统灵活性资源和系统惯性，提高供电质量、可靠性和动态稳定性 |
|  | 提高系统运行经济性 | 优化系统潮流，减小网损，提高系统运行经济性，降低电网在负荷高峰时的压力 |
|  | 延缓电网升级改造 | 储能可以对电网进行阻塞管理，延缓输配电系统升级改造，提高资产利用率 |
| 用户侧 | 削峰填谷 | 根据峰谷电价差，利用储能进行削峰填谷，降低用电成本 |
|  | 负荷跟踪 | 利用储能跟踪用户用电尖峰负荷，可以削减用电容量，降低用电成本 |
|  | UPS | 作为备用电源实现用户重要负荷的不间断供电，可以替代备用柴油发电机组 |
|  | 分布式发电与微电网 | (1) 提升高渗透分布式发电的运行稳定性。<br>(2) 提升微电网中功率控制和能量管理能力。<br>(3) 提升分布式发电设备的有序并网能力 |
| 辅助服务 | 调频 | (1) 可以参与电力系统一次调频和自动增益控制（AGC）。<br>(2) 辅助可再生能源发电的调频运行，提高调频性能 |
|  | 调压 | (1) 可以参与自动电压控制（AVC）运行，提高系统电压稳定性和电压质量。<br>(2) 辅助可再生能源发电的调压运行，提高调压性能 |
|  | 备用 | 旋转备用和非旋转备用，提升系统应对突发扰动和事故的能力 |
|  | 黑启动 | 可作为黑启动电源 |

## 6.3.2　储能电站与通信

图 6-38 为储能电站外景，储能电站就如同一个巨型的"充电宝"，电池模组是整个储能系统的重要组成部分，储能电站可以把每一个电池模组都单独控制起来，不让它们相互影响，特别是能防范那些性能不好的电池拉低整体功率。通过模块化的储能变流器，可对每个电池模组进行独立的精细化管理，从根本上解决了电池模组在实际运行中容易出现的并联失配、环流内耗等痛点问题，实现精准控制，可大幅度提高电池储能系统的实际可用效率。

图 6-39 为储能电站系统模块组成。其中云服务器监控模块负责多终端的监控、储能系统运行通告联络、储能电站边缘计算及大数据整理提炼、低延时决策及反馈、局域网与

图 6-38 储能电站外景图

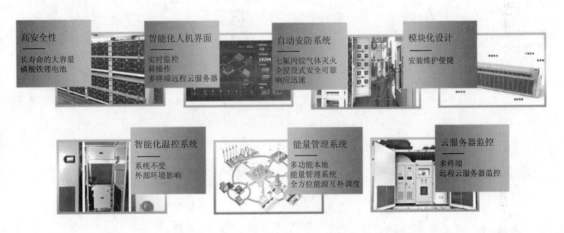

图 6-39 储能电站系统模块组成

云计算网的联络和实时运行的指导。遗憾的是这些功能在现有传统电网通信中有着较明显的局限性,比如在低延时性、边缘计算、实时控制策略及执行、大数据云边协同运行等方面。5G 的关键技术特点可以适应这些任务的要求。

图 6-40 为新型储能与多能互补的小型综合能源利用系统外景图,图 6-41 为储能加入的微电网多能互补解决方案。在包含光伏、风电、柴油机或公共电网的多种能源互补供电系统中,通过配套储能系统可实现微电网系统的功率平衡和运行稳定控制,既适用于海岛、山区、边防哨所及其他偏远地区或供电不稳定的区域,又适用于新建科技园区的光伏发电、储能、充电的能量优化系统,简称"光储充"系统。

微电网中储能的作用:微电网的首要目标是稳定运行,这是微电网发展的基础;其次是保障重要负荷的电能质量和可靠性,这是满足用户高质量用电需求的关键;再次是容量

图 6 - 40　新型储能与多能互补的小型综合能源利用系统

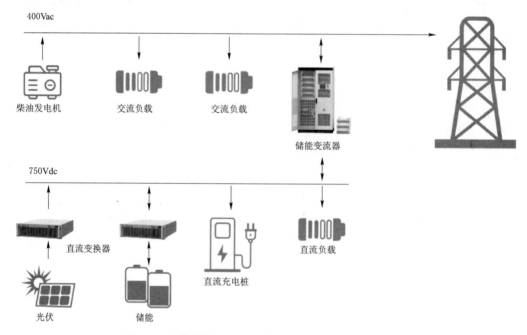

图 6 - 41　储能加入的微电网多能互补解决方案示意图

可信度，能够实现适度的可调度性与可预测性，这是微电网能够规模化接入大电网的
保障。

　　作为微电网的重要功能单元，储能是微电网实现稳定控制和能量管理的核心与载体。
储能在微电网的作用，可以从系统启动、稳定控制、电能质量改善，以及适度的容量可信
度等几个方面分析，图 6 - 42 为储能在微电网中的作用，图 6 - 43 为储能系统主体结构。
电池储能应用于电力系统，需要将大量单体电池进行串联、并联组合，并通过电力电子变
换电路接入电网。电池储能系统主要包括电池组、电池管理系统（BMS）、功率变换系统
（PCS）及动力环境监控系统。动力环境监控系统可以对各个分布在不同位置的独立动力

设备以及环境监控对象进行遥测、遥信等数据采集,实时监控系统及设备的运行状态,记录和分析处理相关监测数据,及时侦测故障并做出必要控制,通过声光、手机 App、电话、短信等多种方式通知人员处理。动力系统监控对象包括市电配电、UPS、蓄电池、发电机、电源等;环境系统监控对象包括温湿度、漏水、新风、普通空调、精密空调等;安防系统监控对象包括烟感、门禁、红外、视频等。

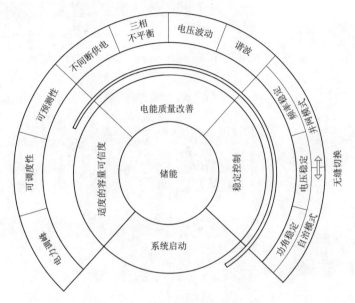

图 6-42 储能在微电网中的作用

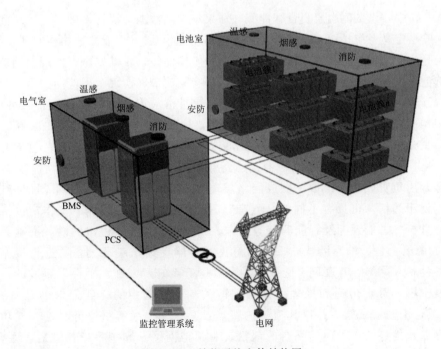

图 6-43 储能系统主体结构图

大规模储能电站往往由多个基本独立的储能系统并联组成，储能系统的标准化、模块化和系列化，对于缩短储能电站建设周期、提高运行可靠性和维护水平等具有很好的支撑作用。储能通信架构从最初的"单一架构"发展到当前主流的"端到端架构"，最终向"双网融合新架构"演进，通信网与储能网的双网融合新架构如图6-44所示。

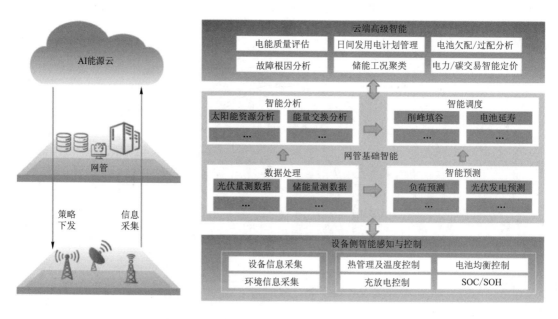

图6-44　通信网与储能网的双网融合新架构图

图6-44中，设备侧端层负责智能感知和采集基础数据，执行基础均衡策略和充放电控制；网管层定义系统接口，数据分析、调度的功能模块；AI能源云端层实现高级智能，负责底层算法的实现。新架构将被动储能发展到主动储能、主动安全，实现全网储能全生命周期价值最大化。通信网与储能网的新双网融合架构最终实现全网储能的信息流和能源流的双向互通，满足未来站点储能综合应用、新型能源应用、用能零碳演进的发展需要。

要架构一套比较完备的物联网系统，首先要让物品"开口说话"，物联网的底层是感知层，就是那个让"物品说话"的层次，传感器是这一层的主要构件，包括温度湿度传感器、电压电流、摄像头、报警器终端等信息传感设备，都能帮助物品表达自身信息，由感知层负责收集和提取，变成网络层能够识别及传送的信号。不同的应用场景，感知层"说出的话"也具有不同的"方言"，网络层进行基础智能的工作，包括数据处理、智能分析、智能预测及智能调度等工作，并且将感知层"说出的话"准确无误地传送。AI能源云会将云端高级智能平台的意见及策略反馈给底端设备层进行工作。网络层是由各种私有网络、互联网、无线通信网、网管系统及云计算平台等组成的，相当于人的神经中枢，负责传递和处理感知层获取的信息。其中的无线通信网是研究重点，5G加入了这个网络家族，并以其独特的特点：高速率、大容量、低时延、低功耗、泛在网的特点及优势站在了通信平台的前沿，和其他网络一起携手扬长避短，融合赋能，更好地运用于实践中。

近年来，随着互联网、物联网和信息技术的快速发展，大数据的概念也从金融、IT业等少数几个领域逐渐扩展到国民经济的各个领域。我国明确提出"推动互联网、大数据、人工智能和实体经济深度融合"的战略方向。大数据技术主要包括大数据处理系统和大数据分析算法，其中大数据分析算法以深度学习为主，还包括知识计算、可视化等。随着能源系统智能化的不断推进，尤其是能源互联网技术的发展，在电力系统等领域中取得突破。电力系统中大数据架构和分析技术上也有许多投入运用的实例。

某公司开发的能源数据云平台，可采集并处理覆盖能源发电、输配电、用电终端的数据，构造了能源系统全面、动态的图景。其中的储能系统作为一个包含大量元件、运行过程多样的复杂系统，必然也是一个海量数据源。随着全球范围内储能系统的大规模部署，将迎来一个储能数据大量增长的时代，如何更好地收集、处理和利用好这些数据，为智能运维和优化控制提供有效的解决思路，是一个值得研究的方向。大数据技术在储能领域中的运用还处于起步阶段，其研究方法和思路需要进一步拓展。随着储能系统数据量的爆发式增长，需要数据技术获得更快、更深入的进一步发展，为储能系统安全及智能运维提供新的解决思路。

全球能源互联网发展合作组织预测，2060年全社会用电量将达17万亿 kW·h，人均用电量达到12700kW·h，清洁能源和新能源装机容量占比将达90%以上。随着新能源大规模接入，为克服风、光、电的间歇性、波动性，整个电力系统正从"源-网-荷"到"源-网-荷-储"转化，储能将成为新型电力系统的第四大基本要素。《"十四五"新型储能发展实施方案》将锂电池、液流电池、钠离子电池、固态锂离子电池、高性能铅炭电池、压缩空气储能、超级电容器、液态金属电池、金属空气电池、氢（氨）储能、热（冷）储能等多种新型储能技术列入实施方案。目前比较主流的储能技术有锂离子电池、钠离子电池、全钒液流电池、氢燃料电池四种。

近年来，我国的氢燃料电池技术基础研究较为活跃，在一些技术方向具备了与发达国家"比肩"的条件，但整体来看，所掌握的核心技术水平、综合技术体系尚不及具有领先地位的国家。目前锂离子电池仍然是主流，但也应该看到，锂电池属于资源敏感型产品，其关键原材料镍、钴、锂等分布集中度较高且呈现资源垄断特征，容易形成资源对外依赖。自主可控是发展的前提，围绕锂电池及其替代技术的研究，钠离子电池、全钒液流电池、氢燃料电池正在如火如荼地进行，正逐渐汇聚成产业发展的巨大潜能。

储能是指通过介质或设备把能量存储起来，在需要时再释放的过程，其通过灵活地充放电控制，实现产能和用能在时间和空间的匹配。储能是支撑新型电力系统的重要技术和基础装备。储能系统能够为电网运行提供调峰、调频、备用、黑启动、需求响应支撑等多种服务，是提升传统电力系统灵活性、经济性和安全性的重要手段；储能系统能够显著提高风、光等可再生能源的消纳水平，支持分布式电力及微电网，是推动主体能源由化石能源向可再生能源更替的关键技术；储能能够促进能源生产消费开放共享和灵活交易、实现多能协同，是构建能源互联网、物联网，推动电力体制改革和促进能源新业态发展的核心基础。

作为一个由多个分系统构成的整体，任何一个分系统出现问题都会影响电池储能系统整体的性能和功能，因而，各分系统都应实现优化设计和相互适配，避免系统出现短板。

电池簇的设计应充分考虑单体电芯和电池组的性能及一致性水平；BMS的配置应考虑到电池组的构成及监控需求；PCS则要兼顾电网并网的功能和直流电池侧的电气要求。此外，动环系统也是电池储能系统的重要组成部分，动环系统实现对储能电站的动力系统、环境系统、消防系统、保安系统、网络系统等进行集中监控管理，主要监视各设备的运行状态及工作参数，发现参数异常或故障，及时采取多种报警和故障处理方式，记录历史数据和报警事件，具有远程监控管理以及 Web 浏览等功能。动环系统的优化，是电池储能系统的重要保障，通过储能电站监控管理系统，将动环系统状态与储能的运行过程有机结合，是储能电站安全、优化、高效运行的前提。

储能技术类型丰富，适用于储能站、换电站、光储充站、动力电池梯次利用等场景，图 6-45 为储能技术在能源电力侧的适用场景。

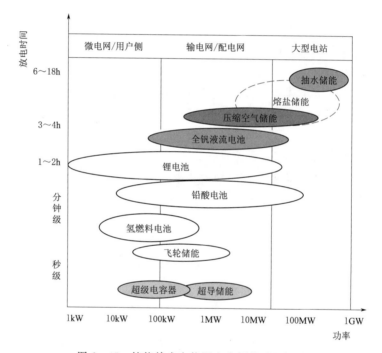

图 6-45 储能技术在能源电力侧的适用场景

储能技术指标主要包括能量密度、功率密度、充放电倍率、储能效率、循环寿命、响应时间等。储能与控制有着明显的特征及要求：电池储量多，物联网性质明显，网络带要宽且反应要快；实时控制时大数据产生快，运行策略的决策要快，智能控制水平要求高；人们对网络层面上的功能要求越来越多，各种新要求、新概念、新技术等纷至沓来。另外，大家经常看到一个 M2M 的概念（物联网概念亦可），可以解释成为人到人（Man to Man）、人到机器（Man to Machine）、机器到机器（Machine to Machine）。本质上而言，人与机器、机器与机器的交互，是为了实现人与人之间的更快捷和准确地信息交互。互联网技术成功的动因在于，它通过搜索和链接，提供了人与人之间进行信息交互的快捷方式——人可以快速寻找到合适的物并对物进行统计、分析和控制。而物联网还有一个要求，就是希望 IT 产业尽快发展嵌入技术，即把感应器嵌入和装备到人类能用到和想到的所有物品中，并且普遍连接形成全球物品与人之间的"全互联"结构。这就是物联网的内涵。

　　未来的世界将是一个万物互联的时代，随着物联网行业技术标准的完善以及关键技术上的不断突破，数据大爆炸时代将越走越近。截至目前，一辆共享单车、一个摄像头每天产生的数据量就可能超过1TB。试想一下，如果各种家电、交通工具、工厂机器、公共设施等都相互连接起来，每一分钟，甚至是每一秒钟都将产生海量的数据。如此海量的数据不及时被存储、分析、处理及利用起来，它们将很快变成数据垃圾。但是，我们不可能给每个终端装上一台计算机。如何解决海量数据的处理呢？

　　如果采用云计算，实现将数据从云端导入和导出较复杂，由于接入设备越来越多，在传输数据、获取信息时，带宽就显得不够用了，这就为雾计算的产生提供了空间。雾计算将性能较弱、更为分散的各种功能计算机组成渗入电器、工厂、汽车、路灯及人们生活中的各种物品，对其进行计算的过程称为雾计算，雾计算介于云计算和个人计算之间。另一个概念是边缘计算，边缘计算比雾计算更加靠近物或数据源头的网络边缘侧，是融合网络、计算、存储、应用核心能力的开放平台，可就近提供边缘智能服务，满足行业数字化在敏捷连接、实时业务、数据优化、应用智能、安全与隐私保护等方面的关键需求。

　　边缘计算和云计算都是处理大数据的计算运行方式。但不同的是，边缘计算中，数据不用再传到遥远的云端，在物品网络边缘就能解决，更适合实时的数据分析和智能化处理，也更加高效而且安全。边缘计算节点与云计算中心可以看作是一个逻辑的整体。前者可以在后者的统一管控下，对数据或者部分数据进行处理和存储，用以节约资源、降低成本，以及提高效率和业务连续性，满足数据本地存储与处理等安全的要求。可以将数据在边缘计算节点进行初步处理；或者由云计算中心将算法下发到边缘计算节点，由边缘计算节点提供算力对本地的数据进行处理，结果也放在本地；或者由云计算中心统一管理，形成逻辑集中、物理分散的高效运转的云计算平台。如果说物联网的核心是让每个物体智能连接、运行，那么边缘计算就是通过数据分析处理，实现物与物之间传感、交互和控制。边缘计算作为一种将计算、网络、存储能力从云端延伸到物联网网络边缘的架构，遵循"业务应用在边缘，管理在云端"的模式。边缘计算还处于迅速发展和成长的阶段，不同的应用场景中，边缘计算节点和云计算中心的分工不同，协作模式不同；甚至同样的业务场景、同样的概念下，技术实现方案也可能大相径庭。要实现边缘计算与云计算中心的互联和互动，在技术方面仍然有很多问题需要解决，不同的供应商和服务商，利用各自的优势，已经在边缘计算领域探寻更广阔的道路了。未来的物联网时代应用场景之多，范围之广，影响之大，可能会超出我们每个人的想象。像储能技术与控制这些对数据分析和处理要求非常高的行业，除了其他核心技术，云计算及边缘计算技术的支撑也是非常重要的。

　　5G的发展过程是与其他网络技术不断融合的过程，因此，发展5G，加快其与AI、云计算、边缘计算、物联网、大数据相关的融合也是非常关键的一步。5G与以上技术的融合，可以为 5G 与行业垂直赋能贡献力量。开创更多的应用，提供更多的服务，出现更多的新的使用场景，由此创造更多的资源共享，让更多的企业实现共赢是业界的期望。

### 6.3.3　储能数字化管理

在新型电力系统与新一代信息技术新融合的大趋势中，利用基于云边协同和数据驱动的全数字化解决方案可以助力储能生态与新能源、智能电网升级发展。利用新一代信息技术对储能电站运行过程、设备管理、运维流程、运营策略等方面进行全面数字化与智能化的升级和优化，建立数据中心，形成数据资产，利用数据驱动日常管理与决策行为，可实现储能电站的更高安全运行、更高效率运维和更高收益运营，全面提升储能电站智慧管理水平。

图 6-46 为基于运行优化的储能系统数字化管理，两个重要成员为 CMS 及 DMS。CMS 为储能系统智慧云网的云端平台，DMS 为储能站端大数据运营管理系统平台，"云边协同"指的是云端平台与站端（边缘）系统协同进行大数据管理工作。

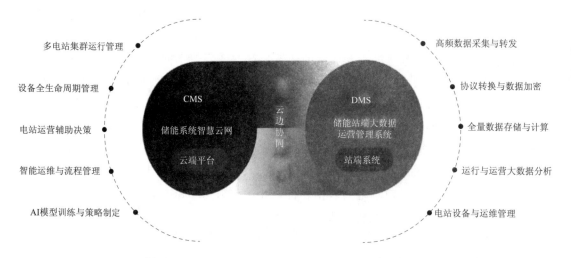

图 6-46　基于运行优化的储能系统数字化管理示意图

DMS 是部署在储能电站本地的软硬件结合的一体化产品，可进行储能电站全生命周期数据存储、计算、分析与管理，可辅助站端、区域和集团各级管理人员开展全面的运行、运营、运维和设备管理工作。DMS 的角色是在站端能量管理 EMS 控制系统之上，提供基于数据驱动的"数字能源大脑"，面向储能系统的数据中心、边缘计算平台和物联网平台，用于指导储能电站的安全运行监控、运行评价、诊断分析、高效运维和设备管理、高收益运营策划等工作，也可作为边缘管理终端实现云端数据对接。DMS 是储能大数据就地化分析管理系统，可就地运行，支持数据上云网，有就地独立运行模式与云边协同运行模式。就地独立运行模式：单站本地分析管理，不依赖外部网络、数据和资源，算法模型自学习。云边协同运行模式：可结合云端储能系统大数据运营管理平台，实现多站统一管理和数据对比分析，实现云端策略校正与下发，本地端 OTA 升级，运维工单云边协同等。

CMS 在云端平台进行运行管理：对 PCS、电池、消防系统等核心设备进行运行状态实时在线全景监测、电芯级状态感知、实时故障/报警通知，对潜在风险多维度预警，确保系统安全稳定运行。

DMS 储能大数据就地化分析管理系统则聚焦储能系统运行智能预测与决策分析，新型预防性维护、诊断技术、市场经营和交易策略的发展，传统储能管理思维也将得到挑战。能量优化：基于当地电能量市场政策，通过算法模型计算能量管控最优解决方案，确保储能容量额度的高效和饱和利用。

# 6.4　5G＋新能源汽车充电

## 6.4.1　充电能量需求

电动汽车的发展包括电动汽车以及能源供给系统的开发，其中能源供给系统包括充电基础设施，供电、充电和电池系统及能源供给策略。电动汽车充电站作为电动汽车运行的能量补给站，是电动汽车商业化发展所必备的重要配套基础设施，充电站的建设将直接影响电动汽车产业的发展。要推动电动汽车市场的发展，充电站的建设速度必须与电动汽车推广速度相匹配。

电动汽车充电设施的建设是支撑并促进电动汽车发展的重要一环，电动汽车与其充电设施是发展与保障的关系，电动汽车的发展将带动充电设施的建设，也是充电设施建设的核心动力，充电设施的建设将作为电动汽车发展的有力保障。这种相辅相成、互相依赖的关系有效地指明了充电设施的发展方向——紧紧围绕电动汽车的发展，并适度超前建设，引导电动汽车发展。随着电动汽车的普及，电动汽车充电站必将成为汽车工业和能源产业发展的重点。在我国，电动汽车充电站的发展是必然的，政府也出台了各项政策助力电动汽车充电站建设。

国家发展改革委、中国充电联盟、中国电动汽车百人会等分别发布了新能源汽车、纯电动汽车的保有量以及充换电设施运行的情况：到 2022 年，我国电动汽车保有量超过千万辆，充电桩数量 431.5 万台；到 2030 年，我国的电动汽车保有量将达到 8000 万辆。

然而，在电动汽车规模化的快速增长下，电动汽车大量接入电网将对电网产生较大的冲击，如影响电力系统运行的经济性和稳定性、降低电能质量等。从另外一个角度来看，电动汽车作为灵活性储能资源，通过优化充放电策略对其进行有序调度，又有实现降低对电网的冲击、提升用户充电经济性的可能，这与电动车智能有序充放电有着直接的关系，也提示了智能化充放电策略与方法的重要性。图 6-47 为电动车充放电时车与充电桩的需求与困惑，问题是要找到合适的电动车充放电策略，能让电动车和充电桩和谐地"握起手"来就好了。

图6-47　电动车充放电时车与充电桩的需求与困惑

### 6.4.2　有序充电策略

随着智能电网和车辆到电网（vehicle to grid，V2G）技术的不断成熟，当电动汽车连接到电网后，如果可以与电网进行交互，将能为电网和用户带来有利效益。虽然电动汽车的充电负荷具有时间和空间的随机性及分散性，但可以充分利用电动汽车用户的行驶规律和使用行为特征，引导和控制电动汽车的充、放电，采取有效的激励措施，使它们与电网友好互动；借助V2G技术将停放的电动汽车在电力负荷加剧时或在电网遭受外部威胁时，将动力电池中的电能放电"反馈"到电网，以减轻用电压力；用户可以通过参与需求响应项目实现成本降低，甚至通过车向电网放电来获得收益。电动汽车在电网负荷低谷期间的充电将提升电网设备的利用效率，平抑负荷波动，减少网络损耗。此外，具有相似行为特征的电动汽车可以汇集成"虚拟发电厂"、移动储能电源，能够参与电网的削峰填谷，帮助电网消纳更多的可再生资源，也可为改善电网的频率特性提供辅助，增加电网的运行灵活性、稳定性和经济性。

因此，分析挖掘电动汽车的出行规律、使用特性，对电动汽车充电负荷进行数字建模，研究电动汽车广泛接入电网后充放电行为对电网的影响，制定电动汽车有序充、放电的优化调控策略，评估电动汽车参与需求响应的潜力，协调优化充电站、换电站的运行，使电动汽车充、放电在电网运行中发挥积极作用，不仅将有助于改善电网负荷曲线，提高电网运行的稳定水平，有效提升电网弹性，也有利于我国智能电网、能源互联网的建设和推进，同时也能为用户使用电动汽车带来经济性。

图6-48表示了电动汽车有序充电策略宏观逻辑架构图，展示了电动汽车大规模充电场站有序充电策略，分析了用户的微观充电行为，通过用户微观充电行为进行用户宏观充电行为特征建模，根据用户宏观充电行为特征模型建立了由无序到有序充电的调度策略，旨在实现对电力系统的"削峰填谷"目标，并提升新能源消纳，削减电网负荷，优化电价，提高电网运行的稳定性和经济性。图6-49为智慧充电桩有序充电基本架构图。随着智能交通系统推进、物联网的建设、传感信息等技术的发展，地理信息、交通路况、车辆行驶等信息采集和深度挖掘将变得易于获取，电动汽车使用数据将积累得越来越丰富，大数据、人工智能等技术和方法应用将成为现实。大数据可以基于大量、快速更新、多种类的数据分析电动汽车的充电习惯，预测每一辆电动汽车的充电开始时间、持续时间和充电

地点，获取单辆电动汽车的负荷模型，面向任意充电站，对与其相关的路网节点与交通线路上的所有电动汽车负荷求和，估算该充电站的总充电功率。

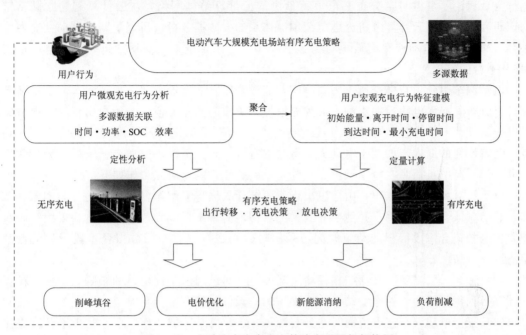

图 6-48 电动汽车有序充电策略宏观逻辑架构图

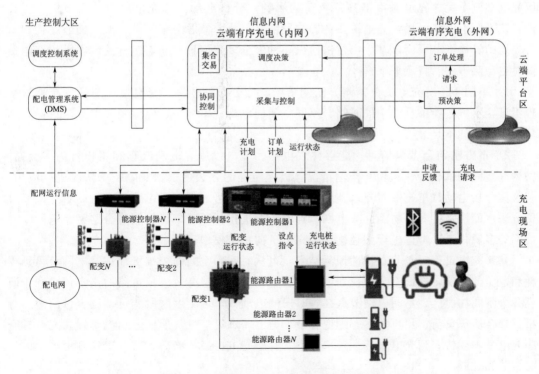

图 6-49 智慧充电桩有序充电基本架构图

研究者们通过努力，基于无线充电模型和充电负荷计算因子，基于大数据环境考虑充电行为与充电负荷之间的关系，建立了基于历史数据的混合分类模型；讨论了无线动态充电行为，讨论了考虑时空分布充电负荷预测的云计算结构网络，从云计算到建立网格结构，研究如何利用云计算分析充电负荷预测体系的大数据分析；研究了基于移动社交网络平台（MSN）的电动汽车充放电行为预测模型；考虑了电动汽车用户进行充放电决策与MSN 平台的互动性。

　　电动汽车引领了智能交通、智能电网、能源物联网的发展方向，电动汽车充电负荷预测可以分析其接入电网后的影响，成为充电控制决策的前提。但由于用户出行和充电行为具有随机性、不确定性等特点，使得充电负荷预测不是那么容易，成为研究的热点和难点。随着研究的深入，如基于电动汽车行驶出行链、天气情况、交通顺畅情况、充电频率之电动汽车充电负荷时空分布预测方法等均受到关注，主要研究工作如下：

　　（1）针对家用电动汽车，由居民出行调研统计数据将家用车辆出行目的分为回家、工作、购物餐饮、社交休闲、其他事务五大类，构建简单出行链和复杂出行链，采用三参数威布尔函数拟合每段行程的结束时间，采用对数正态概率分布函数拟合每段行程的行驶距离。

　　（2）考虑天气温度、交通顺畅拥堵路况等因素对电动汽车耗电量的影响，采用模糊算法计算得到每公里实时耗电量结果，建立车辆一天行驶的时空分布模型。

　　（3）根据电动汽车充电负荷时空分布计算方法，以某区域为例，用蒙特卡洛仿真方法对不同渗透率、夏冬季、工作日和周末等不同情景下的电动汽车充电负荷进行仿真计算，研究电动汽车无序充电对电网高峰负荷的影响。分析电动汽车充电负荷的季节性、假日性，及不同电池耗电量对充电负荷的影响程度，另外，考虑到车辆出行涉及交通路径和出行规划的具体细节层面，基于出行链给出一种融合多源信息、涵盖多种关键因素的充电负荷时空预测方法，特点如下：

　　1）不同于传统充电负荷预测方法侧重于时间分布的预测，充电负荷空间分布特性呈现不足，本方法能够反映不同时间、不同空间的电动汽车行驶、停留及充电需求情况，弥补现有方法的不足。

　　2）本方法融合多源信息，能够体现电网、充电设施、电动汽车和用户行为、交通、路网等之间的耦合特性和相互作用情况。以上所提的方法可根据实际需求情况进行应用，若仅需分析电动汽车充电对当地整体负荷的影响，则可采用不考虑路径优化的宏观层面分析方法。而当需要对各功能区或电网节点的影响进行分析时，可采用融合路网、电网、通信网等多源信息，考虑出行路径优化的充电负荷预测模型。

　　基于充电负荷时空分布特性预测结果，可从时间和空间两个维度评估对电网负荷、损耗和电压的影响，有助于合理规划电动充放电设施，开展有效调控策略的制定，也利于研究各个不同功能区、不同电网节点在各时段的电动汽车可调度时段、可调度容量的潜力分析。综合历史负荷、用户数据、配变容量、充电需求等信息，形成电动汽车智慧充电桩有序充电基本架构，当充电服务运营平台下发有序充电控制策略后，即可实现输出功率的实时调节和控制。

　　当用户有自己的需求时，也可通过网络与运营平台进行快捷沟通，平台可以根据用户用车需求，设计有序充电的控制策略。比如将用户分为时间优先型用户和费用优先型用户两部分，为其提供"尽快充"和"低费充"两类有序充电模式。这种做法已经在GPS导航系统中得以实现了，如：车主若选择到达时间为先决条件，那么平台的决策推荐结果为走高速道路，如果选择节省费用为先决条件，推荐的结果可能为走不收费用的省道等。

充电桩的管理策略与控制策略十分重要，事件即时调度：当充电用户发起充电请求时，对其进行充电计划的预调度编排，审核充电请求的合理性和有效性。周期滚动调度；在有序充电过程中，根据电网实时运行状况、负荷预测以及用户订单执行偏差，周期滚动进行充电调度计划的编排；还有，在充电桩平台区"配电、变电、充电"容量不足，以及上级电网紧急负荷控制请求等条件下，需要对充电负荷进行在线调度控制。

庆幸的是通信技术的超快速发展，5G通信技术的边缘计算能够听取超规模充电桩充电带来的问题，并在充电站边缘侧解决大多数的问题，需要跨区域调度时，可以进行云边协同运行解决问题，且反馈延时非常短。5G大数据的分析可以提供格式化数据，协助完善得到优化的有序充放电策略，进而有效地引导用户有序充电。如，引导用户在低谷时段进行充电，尖峰时段进行放电，从而实现电网负荷的"削峰填谷"等目标，提高电网运行的安全性和稳定性；当只考虑当地充放电对于电网负荷的影响时，边缘计算就可以满足需求；在讨论节点或异地情况时，站端侧边缘计算将会与5G云计算进行沟通，商量出最好的充放电时空控制方法，使得电动汽车与充电桩得到一个和谐的充放电过程。由此可见，进行大规模电动汽车有序充电策略研究具有重要的现实意义和应用价值，有利于提高电网运行效率，降低充电成本，为"双碳"早日实现作贡献。

### 6.4.3　充电桩联网解决方案

随着新能源战略的部署和实施，电动汽车保有量持续攀升。与之配套的电动汽车充换电设施已率先开始建设，将逐步形成充电桩、充电站、换电站等设施相结合的电动汽车充换电系统。充电桩数量庞大，位置分散，在实际使用中，如果想要提高用户体验和运营效率，就需要提供诸多服务。这些服务包括充电导航、状态查询、充电预约、费用结算等。而这些服务的落地，需要充电桩进行联网并构建相应的智能服务平台。

目前我国充电桩基础设施主要包括各类集中式充电桩和分散式充换电站。这两类不同的充电形式应用到了不同的解决方案。

1. 集中式充电桩解决方案

对于公交、出租、环卫、物流以及高速公路等公共服务领域的充电基础设施，一般以建设集中式充换电站为主，或者有些充电运营企业采用箱变等技术推出群智能充电系统。群智能充电系统由分体式直流充电桩主机和直流充电终端构成。与一体式充电桩相比，分体式直流充电桩可以更好地利用充电总功率，特别适用于多车集中充电及少量车辆快速补电的场合。分体式直流充电桩主机可自动进行功率分配，如360kW一拖六群充系统，当6个终端均有车辆在充电时，每个充电终端平均分配总功率，每终端均可提供60kW充电功率；当只有1个终端有车辆进行充电时，可最大配置180kW充电功率。

在这种数据量大，安全性要求更高，或者需要更多产品应用以及服务的群充电桩产品上，路由器是个较好的选择。5G工业路由器可用于恶劣、复杂环境下，直接向工业机器设备进行数据采集，并通过实时海量的数据传输，使管理者在不同时间、地域轻松掌握生产运营情况。与无线数据传输终端 DTU 组成的充电桩网络相比，用路由器组成的网络能够为充电桩提供更高速、安全、稳定的联网以及数据传输通道，同时也能够提供更多的网络服务。集中式充电站的各充电桩采用以太网方式组成局域网，通过工业路由器作为统一的网关连接专网或 Internet，并最终与充电运营企业的监控运营中心建立连接，实现充电设施与监控运营中心之间的双向数据传输。其系统拓扑如图 6 - 50 所示。

图 6 - 50　集中式充电桩解决方案系统拓扑图

　　DTU 和路由器在设计目的、通信方式、硬件特点和应用场景等方面都有着较大的不同。DTU 主要用于工业自动化、物联网、环保、能源管理等领域，强调数据采集和远程控制，而路由器主要用于提供网络互连功能，强调互联网接入和数据转发。对于不同的应用场景，选择合适的设备才能更好地实现业务需求。新兴的 5G 技术正在极大地改善连接状况，尤其是与物联网和大数据应用有关的情况。新一代的蜂窝数据网络技术伴随着更高的速度和稳定性，5G 也不例外。随着最新一代产品的广泛使用，消费者和商业应用程序的性能将会更好，网络的停机时间也会减少。尽管 5G 的进步将继续增强各地的网络连接性，但网络技术人员仍将需要克服一些固有的互联性挑战。

　　2. 分散式充电桩解决方案

　　对于居民区或单位停车场等场所的分散式充电桩。可以采用工业级无线数据终端 DTU 联网解决方案。充电桩控制板与 DTU 通过串口相连，无线 DTU 通过运营商的

GPRS/4G/5G 网络自动拨号联网,并与充电运营企业的监控运营中心建立连接,从而搭建充电设施与监控运营中心之间的数据传输道。系统网络拓扑如图 6-51 所示。

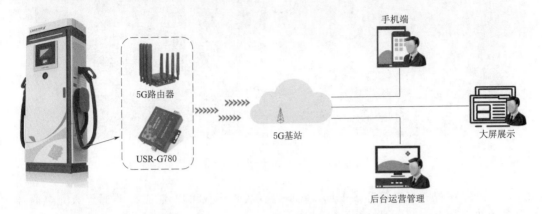

图 6-51　分散式充电桩解决方案系统拓扑图

充电桩联网解决方案大大提高了运营效率,此外还有如下的优势:

(1) 建设成本稍低:由于采用运营商网络,使用运营商专网 APN/VPDN(接入点名称/V信通) 隧道加密,无需布置有线网络,只需安装好设备就可以,建设成本低,又保证无线数据安全。

(2) 便利的远程运营管理:通过工业路由器进行联网监控,可采用路由器的后台管理系统,实现远程管理、配置、升级及流量管理监控,保证所有运营点都有统一管理监控中心。

(3) 稳定性高:由于目前 4G 网络已覆盖全国绝大部分城市地区,基本不存在网络信号盲点的现象,5G 网络正在城市园区及电动车使用密集区发展覆盖趋势,5G 的大数据处理能力强、反馈延时低,可实现大范围的在线远程监控及优化运营。而原有的铜缆、光纤链路覆盖,容易受到外界修路或是改造等造成网络中断,网络故障恢复慢。

(4) 数据传送速率高:采用工业设计标准,应用工业无线联网模块,时速可达20～50M 高速带宽状态,既保证充电桩的运行状态联网监控及充电交易系统的联网运营,又保证视频监控的无线远程监控。

电动汽车充电桩联网解决方案适用于各类电动汽车以及新能源汽车充电设备联网,可应用于小区、商场、酒店、加油站、高速公路服务区等适合安装充电桩的场合,如图 6-52

图 6-52(一)　电动车充换电站

图 6-52（二）　电动车充换电站

所示。另外，在智能充电桩方案中加入物联网网关，不仅可以实现 24 小时无人充电服务，而且可提供无接触移动支付功能，为驾驶者提供诸多便利。

# 6.5　5G 与电梯环境物联网

## 6.5.1　系统概述

随着人们生活水平的日益提高，人们对生活舒适性的要求也越来越高，电梯产品逐渐走进大众生活，作为事关民生、事关安全，同时也是规模化的工业产品，根据国家市场监督管理总局发布的《2022 年全国特种设备安全状况的通告》中披露，截至 2022 年年底，电梯保有量已经达到了 964.46 万台，我国电梯的保有量的增长速度始终保持在 10% 以上，已经连续多年稳居世界电梯保有量第一，按照往年的增长趋势，2023 年我国将突破 1000 万部的规模。目前公共建筑中央空调系统的设计重点放在人员需长期停留的办公室、会议室、大堂等区域，而电梯前室、电梯内短期停留区域空气参数的舒适性、空气环境质量以及智能化控制在设计时往往被忽略，电梯轿厢设计主要关注于轿厢内饰。夏季电梯前室或电梯轿厢内空气温度相对较高，春季梅雨天气空气湿度大，加上电梯运行过程的超重和失重，使人短时间内不舒适，这与人们对高品质生活环境质量的追求日渐不符。随着人们生活水平、公共环境卫生水平的提高，以及科技的日益发展，电梯安装空气调节系统是未来发展的一个趋势。

目前的电梯厢体根据舒适性主要分为仅通风与装有空调两大类，其中通风的电梯厢体主要以装设贯流风机、轴流风机设备为主，装有空调的电梯则基于压缩机技术与热电致冷技术进行系统设计。现阶段压缩机空调系统的制冷和蒸发风机送风均是由空调控制，即电梯空调的所有元器件均是由空调本身控制的，在整个运行过程中，电梯和电梯空调均是按照自己的控制方式进行控制，而不能根据电梯的实际运行情况控制，空调制冷和送风也不能根据电梯空间内实际情况独立控制。空气循环方式是内循环，空气质量较低，细菌容易进行内部循环，且在电梯故障时，电梯厢体的空气环境质量会在一定程度上影响受困人员安全。

因此，开发电梯厢体智能空气调节系统将成为一种趋势，能满足不同季节、不同环境的舒适性要求，同时具备内外空气外循环与杀菌功能，并在物联网技术的支持下进一步向着电梯物联网迈进。

## 6.5.2　系统的构成

传统的空调系统应由空调冷源和热源、空气处理设备（也称空调机组）、空调风系统、空调水系统、空调的自动控制和调节装置五大部分组成。其中：

（1）空调冷源和热源，冷源是为空气处理设备提供冷量以冷却送风空气。常用的空调冷源是各类冷水机组、热电致冷组件，它们提供低温水（如7℃）给空气冷却设备，以冷却空气。也有用制冷系统的蒸发器来直接冷却空气的。热源则用来提供加热空气所需的热量。

（2）常用的空气处理设备有空气过滤器、空气冷却器（也称表冷器）、空气加热器、空气加湿器和喷水室等。

（3）空调风系统包括送风系统和排风系统。送风系统的作用是将处理过的空气送到空调区，其基本组成部分是风机、风管系统和室内送风口装置。风机是使空气在管内流动的动力设备。排风系统的基本组成是室内排风口装置、管道系统、过滤器、排风扇和排风管。在小型空调系统中，有时送、排风系统合用一个风机，排风靠空间内正压，送风靠风机负压。

（4）空调水系统，其作用是将冷媒水（又称冷水或冷冻水）或热媒水（又称热水）从冷源或热源输送至空气处理设备。空调水系统的基本组成是水泵和水管系统，分为冷（热）水系统、冷却水系统和冷凝水系统三大类。

（5）空调的自动控制和调节装置。由于各种因素，空调系统的冷热负荷是多变的，这就要求空调的工作状况也要有变化。所以，空调系统应装备必要的控制和调节装置，借助它们可以（人工或自动化）调节送风参数、送排风量、供水量和供水参数等，以维持所要求的室内空气状态。

智能空气调节系统主要包括：冷源、热源、自动控制和调节模块以及各类传感器模块。基于物联网的智能空气调节系统参考架构如图6-53所示，图6-54为基于SDN和边缘计算的电梯物联网。

智能化空气调节系统具有灵活性高、响应速度快的优点，因为其采用热电致冷/制冷技术，具有高精度的调节、反馈能力和设备兼容性。电梯厢体在初期的建设过程中可以根据国家标准匹配空气调节系统，而且可以安装与应用环境相匹配的湿度调节、氧气饱和度和空气颗粒检测等功能。当需要扩展空气调节系统功能的时候，可以在目前的控制层增加模块。如果是拓展空气调节系统的数量，可以在目前的无线监控主机（子站）接入，当数量到达一定规模再进行层次拓展。数据采集与输送通过不同的层次网络结构完成。监控系统主要分成三个层次，主站监测系统、子站监测系统以及终端设备。根据实际需要可以将第二层以下结构进行适当的扩展。

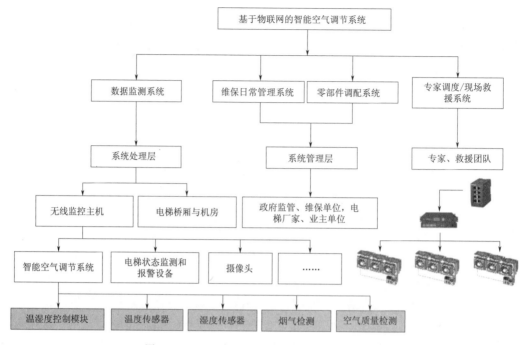

图 6-53　基于物联网的智能空气调节系统架构

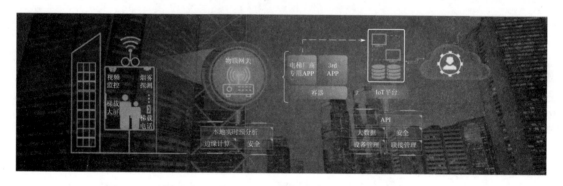

图 6-54　基于 SDN 和边缘计算的电梯物联网

## 6.5.3　系统工作原理

随着我国高层建筑的快速发展，对电梯安全性能和控制系统的要求越来越高，其相应的空气调节系统也要求更先进，更可靠，更容易实现与互联网对接，从而实现电梯远程联网和管控的目的。

电梯物联网空气调节系统可适应我国电梯行业的发展趋势，该系统通过特制的感应器，采集电梯相关运行数据，通过微处理器进行非常态数据分析，经由（WiFi/3G/4G/5G）、GPRS、以太网络或 RS485 等方式进行数据传输，由服务器进行综合处理，实现电梯故障报警、人员救援、空气环境调节、质量评估、隐患防范、多媒体传输等功能。系统适用于直升电梯，如果与互联网驳接，可组成城市级、省级乃至国家级的综合电梯环境监测网络。

基于物联网的智慧电梯系统，包括前端感知系统、网络传输层、中心管理层平台、业务处理层几个大模块。采用的硬件包括红外摄像头（含摄像头视频及电源连接线）、平层传感器（信号电压 12V）及平层传感器支架、门检测传感器（信号电压 12V）及门检测传感器挡片、WiFi 天线等。

其中，前端感知系统主要包括各种传感器和相关前端设备，通过安装在电梯和轨道内相关位置的前端系统，可以得到电梯开关、所处位置、运行速度与方向、是否正常运行、是否困人等各项实时参数，然后通过网络传输层将这些数据传输到中心管理层，结合业务处理层面的相关需求，中心管理层会相对应地对数据进行一定的处理与分析，并给出相对应的反应与指令。通过对相关检测监控数据的实时采集与更新，可以得到电梯的所有运行情况，并通过一些智能算法和判断方法，在中心管理层自动筛选出异常数据与危险情况，自动通知相关工作人员并发出警报，确保在第一时间能够应对危险，并大大减少人工监督的工作量。

另外，为了满足客户对日常的电梯维护维修等信息的管理与有效数据的收集，在业务处理层也相对应地增添了一些模块与执行装置，来帮助客户更好地进行智慧电梯系统内各个电梯的检测监控。

（1）前端感知系统。前端感知系统即设备接入层，主要包括各种传感器和相关前端设备，通过安装在电梯和轨道内相关位置的前端系统，可以得到电梯厢体环境的温湿度、氧气饱和度以及空气质量情况；电梯开关、所处位置、运行速度与方向、是否正常运行、是否困人等各项实时参数。在必要的时候，还添加了对讲系统等音频播放设备，确保能够在电梯发生故障的时候可以正常向外呼救和通信。针对目前市场上存在的各种不同的电梯品牌和型号，前端感知系统可以增减一些设备，通过加装不同传感器，来更好地完成数据采集与发送工作。同时，相关传输设备如网关会将数据发送出去，再通过网络传输层传输到中心管理层。

（2）网络传输层。网络传输层主要依托各运营商的网络，通过有线（宽带/VPN）和无线（WiFi/3G/4G/5G）等方式，充分利用网络带宽资源传输视音频和数据信息。智慧电梯的物联网系统对于数据的有效性、传输的实时性、链路的稳定性及网络安全性均有非常高的要求。

考虑到电梯及其井道中的信号屏蔽等问题，在保证系统数据可靠传输的前提下，一般采用专用的无线传输设备，包括系统自带的前端感知系统中的数据网关、中继传输与接收的网桥、接入互联网的有线终端等设备。在某些无线传输设备不方便布置但是移动信号比较好的情况下，也可以用移动流量卡来传输一些关键性数据，确保系统所需的各类型数据都能随时正常、稳定地通过有线/无线网络传输到中心管理层。

专用的无线传输设备一般安装在电梯井顶部和轿厢顶部，安装的这一对无线传输设备可以保证电梯及其井道中的传输信号良好，再将电梯井顶部的无线设备通过有线网络连接到中心管理层，即可轻松实现把电梯内的视频数据传输到中心管理层。

无线网桥采用嵌入式技术架构，其处理器和存储等硬件资源能满足数据传输的需要，适用于室外无线覆盖应用，点对点传输应用，点对多点传输应用。支持 AP 模式、Client

模式、AP路由模式，支持12/24 POE供电。无线网桥的使用彻底解决了电梯井道内数据传输问题，无需铺设随行电缆，降低了施工复杂度，并消除了线路损耗带来的弊端。

（3）中心管理层。中心管理层是基于各项服务器系统的数据接收、存储与处理模块，是整个系统的核心管理模块。中心管理层包括数据库服务模块、接入服务模块、状态（报警）服务模块、存储管理服务模块、流媒体服务器、信息远程发布模块、Web服务模块等，它们共同形成数据运算处理中心，完成各种数据信息的交互，集管理、交换、处理、存储和转发于一体，从而保证高效及时的电梯管理、救援、处置等工作。

（4）执行装置。智能空气调节系统作为电梯中的执行装置之一，其为基于热电转换技术开发的核心终端设备，包括控制模块、致冷与除湿模块、辅助加热模块以及驱动电源。该系统具有质量轻盈、占用空间和用电功耗小的特点。可以时刻检测空气质量，并在空气质量较差时开启进一步灭菌除尘，无异味地对空气质量进行提升。当遇到梅雨天气引起的空气潮湿，可以进行电梯厢体除湿工作，保障空气环境的舒适性。此外，当电梯故障而轿厢内有乘客情况下，可以使用电梯应急电源，继续给电梯厢体内部供应氧气，提升电梯品质。图6-55为电梯厢体智能空气调节系统三维结构图。

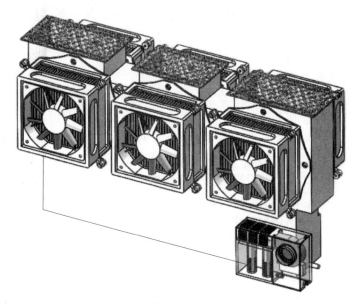

图6-55　电梯厢体智能空气调节系统三维结构图

### 6.5.4　调节系统应用分析

未来的电梯将利用物联网系统采集数据，利用大数据技术、边缘计算、智能AI技术，将现在的事故事后处理转变为事前预警，实现电梯事故的事前预防应急救援体系；利用智能AI技术对电梯乘梯人员进行智能识别，从而实现更多的人性化服务功能，使得电梯更加节能、安全。综合来说，智能化必将成为未来电梯的发展方向，具体可以概括为下面几个方面：

（1）通过电梯传感层采集电梯运行信息并在应用层进行大数据分析，可做到问题的提前预防。

（2）维保人员、管理人员、监控人员能够通过信息推送机制及时获知电梯状态，并做相应的处理。如发生紧急事故，可通过一键报警、电话通话、视频安抚、远程音视频对讲安抚等手段来提高救援的效率和安抚被困业主。

（3）通过检测统计电梯日常故障、维保、用户使用等数据，将有利于规范电梯行业维保。

（4）通过对日常电梯保养数据、电梯故障率数据的综合大数据分析，实现电梯的按需维保。

（5）电梯厢体智能空气调节系统能满足不同季节、不同环境的舒适性要求，同时具备内外空气外循环与杀菌功能，是智能电梯物联网模块中重要的一部分，将成为一种发展趋势并会得到迅速的发展。

# 6.6　5G＋综合能源服务

综合能源系统是指一定区域内利用先进的物理信息技术和创新管理模式，整合区域内煤炭、石油、天然气、电能、热能等多种能源，实现多种异质能源子系统之间的协调规划、优化运行、协同管理、交互响应和互补互济，在满足系统内多元化用能需求的同时，要有效地提升能源利用效率，促进能源可持续发展的新型一体化的能源系统。

理论上讲，综合能源系统并非一个全新的概念，因为在能源领域中，长期存在着不同能源形式协同优化的情况，如 CCHP 发电机组通过高低品位热能与电能的协调优化，可达到燃料利用效率提升的目的；冰蓄冷设备则协调电能和冷能（也可视为一种热能），以达到电能削峰填谷的目的。本质上讲，CCHP 和冰蓄冷设备都属于局部的综合能源系统。事实上，综合能源系统的概念最早来源于热电协同优化领域的研究。综合能源系统特指在规划、建设和运行等过程中，通过对能源的产生、传输与分配（能源网络）、转换、存储、消费等环节进行有机协调与优化后，形成的能源产供销一体化系统。它主要由供能网络（如供电、供气、供冷/热等网络）、能源交换环节（如 CCHP 机组、发电机组、锅炉、空调、热泵等）、能源存储环节（储电、储气、储热、储冷等）、终端综合能源供用单元（如微电网）和大量终端用户共同构成。典型的模式有：

（1）分布式光伏商业模式。

（2）电化学储能商业模式。

（3）充电桩商业模式。

（4）"风-光-储-充"一体化商业模式。

（5）冷/热、电、气三联供。

（6）电力需求侧管理商业模式。

提出综合能源系统有三重意义：第一，创新管理体制，实现多种能源子系统的统筹管理和协调规划，打破体制壁垒；第二，创新技术，通过研究研发异质能源物理特性，明晰各种能源之间的互补性及其可替代性，开发转换和存储新技术，提高能源开发和利用效率，打破技术壁垒；第三，创新市场模式，建立统一的市场价值衡量标准，以及价值的转换媒介，使得能源的转换和互补能够体现出经济和社会价值，不断挖掘新的潜在市场。综合能源服务是电力行业产业延伸、构造新型电力系统的重要基础和能源安全战略的重要支撑，也是能源企业数字化转型的必然选择和能源电力体制改革的现实写照。

　　区域综合能源服务市场架构如图 6-56 所示。市场的物理载体由区域电力系统、区域燃气系统和区域热力系统构成，各能源系统拥有各自的能源供给商和市场运营商。燃气系统在区域综合能源服务市场中扮演产销者的角色，既会通过市场出清的地区边际气价为电力系统以及热力系统内的相关用户提供燃气，又会通过 P2G 设备从电力系统中购买燃气以满足系统内负荷的供给与调峰需求；电力系统在区域综合能源服务市场中同样扮演产销者的角色，既会通过市场出清的地区边际电价，为燃气系统以及热力系统内的相关用户提供电力，又会从燃气系统中购买燃气以支持微型燃气轮机或热电联产等设备的生产，除此之外，电力系统内也会配置常规火电机组以及分布式电源，以避免燃气系统的燃料垄断；热力系统在区域耦合市场中是完全的消费者，系统会通过从电力系统及燃气系统内购买电力及燃气以支持电热泵、热电联产、燃气热泵等设备的热能生产。

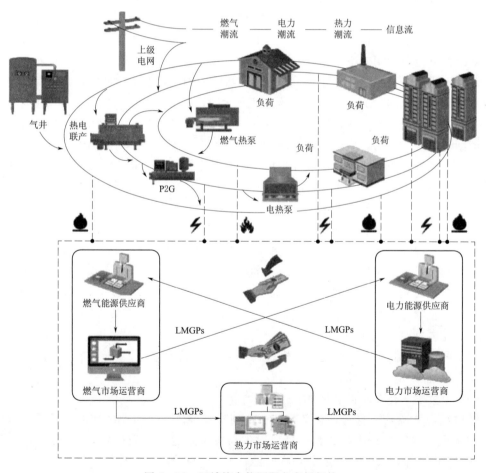

图 6-56　区域综合能源服务市场架构

## 6.6.1 智慧管理云平台体系

智慧管理云平台的区域控制中心为综合能源站,配备与之对应的智能化数据管理中心以及能源调控中心。该系统的设计目标主要有：面对互异的物理架构具备相应的灵活适应能力，面对复杂网络系统具有综合感知能力，面对分散的能源产销基地具有随机应用能力，面对能源的储-供-销整体架构具有良好的协调控制能力，针对信息化新型场景式业务具有针对性部署能力，针对服务成本具有良好的识别与筛选能力，针对复杂动态的能源需求环境具有提前感知能力，对于信息化数据储备与管理具有安全防护能力。此外，该平台管理与服务下的能源服务前期业务以能源网络的基础建设、扩容投资以及过程运行与维护为主，中期业务主要以能源信息的衍生性服务为主、以能源市场的交易与需求感知为辅，在后期，其内容主要关注具有多样化的以能源为主的金融产品开发及用户服务内容的探索。图6-57为综合能源服务站智慧管理业务需求。

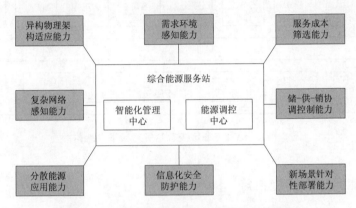

图6-57 综合能源服务站智慧管理业务要求

## 6.6.2 智慧管理云平台架构

智慧管理云平台的综合能源服务体系架构，其主要目标是满足整个区域的能源管理体系的运行；以期使用包含互联网技术、人工智能以及云计算和网络通信在内的能源供给侧的综合管理措施的实行；对区域内用户所消耗的能源情况以及未来需求进行实时的动态监测，同时进行分析、挖掘与规模化管理，最后依靠现代化的数据测量技术以及物联网智能化设施、感知手段，实现能源供给的精细化与网络化管理；全面提升区域内的能源综合管理水准，降低供给侧的能源服务与运行成本；提高区域能源体系建设的规模化效率，为供给方与能源用户之间架构信息交互平台，合理引导用户提升自身的能源应用水平。对于服务方而言，该平台又可提升综合性的能源服务效率。依托云平台强大的信息计算与交互能力，可以对现代通信技术及智能化设备进行技术赋能，提升大数据、物联网以及网络通信技术的整体应用效能，以实现能源服务价值的重构与转移。该平台拥有传统能源网络与智能化互联网网络的双重架构，传统能源网络可为能源服务平台提供坚实的物质基础，而智能化互联网网络可以依据强大的技术手段对能源服务的价值与流程进行深度地挖掘与应用。依据平台架构目标，该体系又可进一步划分为物理设施架构层、网络通信架构层、能源服务应用层以及用户服务增值层，如图 6-58 所示。物理设施架构层与网络通信架构层之间的沟通桥梁为物联网自动化技术，并通过区链技术为信息安全提供保障。平台的整个系统架构完成了从基础能量流到应用信息流再到价值增值流的联动。

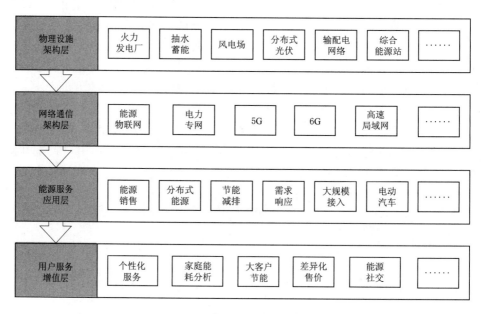

图 6-58　综合能源服务智慧管理云平台架构图

## 6.6.3　综合能源服务实施措施

综合能源服务智慧管理云平台的主要运行原则为区域能源之间协同互补，终端之间双向交流互动，信息网与能源网络之间分布自成规律。主要采取分层分区以及协调式控制的方式，灵活接入能源供能区域的能源系统，联合分布式电源设施、负荷侧交互以及储能设施等典型性能源储备装置，进而与蓄冷装置以及地源热泵等多样化的冷热交互装置进行利用与协调，以期实现能源网络的综合式建模以及拓扑式分析，以对整个区域内的源、网、荷及储备进行协调控制与优化。同时全景可视化地展示该平台的控制效果、调控目标及调控策略，规模化提升区域内能源储备与供给网络的信息安全性水平与服务运行效率，消纳清洁能源的应用水平。该平台在进行建设时，对相关技术及业务的迅速发展所带来的动态性迭代需求进行了考虑，在整体的架构设计中具备更好的弹性，可更好地响应负荷系统的演进性发展诉求。为了达到上述要求，所设计的智能化服务云平台主要包括系统的数据运行后台以及终端的信息采集装置。数据运行后台的建立独立于整体平台，其主要依附综合能源站，并为其配备相应的智能化数据管理与控制中心。该系统在建设前期主要通过独立站点联合分区式云平台的方式进行设立，在后期逐步过渡到基于整合式云平台的能源服务体系。而终端的信息采集装置主要根据能源供给方与需求方的实际运行情况进行配置。该平台进一步依靠平台搭建方案可以划分为智能化管理系统数据存储中心、云计算算法中心以及智慧管理中心，三者独立部署又互相联系。

1. 云平台支持下的智慧管理云平台

云平台支持下的智慧管理云平台的核心为业务综合性管理模块，主要与传统的调控机构类似，其主要职责是进一步保证应用区域内的能源网络安全，以及能源网络的运行安全性与运行可靠性，以确保同主网网络架构之间的连接稳定性。与传统式的调控机构不同，该平台的生产及管理部门以技术、业务的特性为主要依托。平台遵循项目一体化、数据区间共享以及业务活动灵活等设计思路，底层架构主要由2套相互独立的云平台构成，依据需求与安全等级分别服务于目的不同的核心业务与非核心业务。综合能源指挥云平台作为该能源区块链的关键节点，可以单独建立核心节点设备，并能够与能源供应区域内的其他子节点相互构成点对点式的交易服务体系。

2. 基于独立主站结构的智慧管理系统

依据上述对该系统的阐述，将目前阶段所有的工作业务均部署、存放在云端具有一定的技术性风险特征，基于安全角度，需要将设立在网络化云平台中的动态核心引领业务部署在较为独立的主站系统中，在云平台的设立过程结束后，可将其逐步地迁移到相应的云端，将进行转移后的主站视为该智慧管理云平台的本地备用系统，防止云端系统出现运行故障。进行业务转移后的主站主要服务于能源供能区的控制区业务，该区的主要业务为具有控制性的核心业务，而非实时性的、辅助性的业务则完全移至云端。基于此，可将此主站系统依据实现方式及业务需求分别设为控制区、非控制区以及流程管理区3部分。在系统硬件方面则主要使用在国际中通用的、具有标准性的并且适合自身的设备，对于关键设备的控制应该使用双路独立电源并搭配冗余配置，以在满足平台性能的同时，满足平台可灵活性拓展的要求，提升该智慧管理平台的可用性。

3. 云平台支持下的综合能源服务实施措施业务部署方案

该智慧管理云平台的业务根据所处理数据实时性的差异以及数据的重要程度，可以分为控制区业务、非控制区业务和流程管理业务。该综合能源网络的主要核心部分为电网设置，因此需要对其进行单独的业务设置，并将剩余的热网以及相关的分布式能源的存储与管理一体化，纳入到综合性能源服务系统中。具体而言，控制区的主要业务又可具体细分为电网实时应用业务、综合性能源智慧管理服务；非控制区的业务主要划分为能源使用诊断业务、能源数据分析业务以及信息网络分配业务；流程管理业务可分为办公化管理业务与公众性服务业务等。此外该平台在业务方案部署中应同样重视交易类业务的设计，其主要内容包括能源的计量、核算与跨区交易管理等内容。由此可知，控制区与非控制区的主要业务，均直接与能源网络平台的运行产生着较为密切的联系，并且综合服务于能源服务产业的内部。管理业务由于不涉及隐私性与安全性，因此为了节省网络资源，可将其部署在公有云中，并且需要深入考虑公司服务角色的转变以及业务需求的不断拓展，保持经营业务的开放性与灵活性、多样性。依据架构的实现思路，在初期构建时，将控制区的业务主要部署在独立的主站中，后期随着使用内容的变化将其逐渐过渡到私有的云平台中，并将其与处在公有云平台中的非控制区业务协同管理，在确保数据安全性的同时，提升平台的服务效率。最后，将区块链技术等安全性网络技术应用在数据安全的保障模块中，可以提升系统的整体安全性，为平台的平稳运行提供保障。

在双碳目标和区域高质量发展背景下，园区作为产业集聚发展的核心单元，已经成为推动我国区域经济高质量发展和区域落实"双碳"战略的重要平台。园区通过自身的质量变革、效率变革和动力变革，率先实现零碳化，树立发展标杆，对于区域落实"双碳"战略，实现高质量发展具有重要的意义。图 6 - 59 为工业园区，还有农业园区、商业园区等，让"绿电"融进生活的"潜意识"是非常重要的事情，为实现用电用能的综合监控和管理，满足园区用户用电用能需求，提高园区能源利用率和可靠性，通过 5G＋光伏智慧运维、源-网-荷-储多能互补、能碳双控智慧能源管理系统、5G＋配电自动化监控运维升级等，得到助力综合能源零碳服务的解决方案确立与实施，实现园区能效优化提升，具有非常可观的推广意义。

图 6 - 59　绿电融进工业园区

### 6.6.4　综合能源利用解决方案

随着国家智慧能源互联网＋战略的实施推进，对于供能侧、用能侧的能源综合管理效率要求会越来越高，用户使用能源成本要求会越来越低，如何使得各级能源实现降本增效，需要从源-网-荷-储、水-电-热-气等多个维度进行优化升级。综合能源利用解决方案依托物联网、大数据等先进技术，对用能侧负荷、发电侧光伏、储能、分布式能源进行综合优化，既提升能源综合利用效率，又提高用户精细化管理水平，降低用户运营成本。结合数字化、自动化和线下团队，根据企业的生产工艺和流程，做好需求分析、整体平台搭建和能源服务，形成一套可复制、可推广的智能工厂能效管理解决方案。以物联网结合实时监控、大数据分析技术，优化生产环境的资源分配，提高市场竞争力。

目前分布式能源建设存在四个主要痛点：一是对于投资方，分布式项目数量多、地点分散、单个体量小、安全隐患多；各个地方的政策、电网要求不同，政策变化频繁；二是对于业主，运维压力大，自行投资分布式能源又不专业，容易偏离自身需求，造成盲目投资；三是项目初期投资测算与运营阶段实测有差距，项目各个阶段由于影响因素较多，会出现最终结果与期望值产生偏差的情况；四是工厂园区随着分布式能源比重的上升，原有的能源管理侧缺乏联动方式及策略，能源利用率偏低。

为解决这四个痛点，业界研发了智慧综合能源平台，平台的三个子系统（规划子系统、控制子系统、运维子系统）分别在项目初期阶段、运营阶段提供重要作用，在项目初期提供以经济性最优、减排最优或两个结合的优化方案，综合考虑多能源互补复杂的非线性因素、能量供需不确定等特征，搭建一套完整的分布式能源系统设计与优化的服务，实现综合能源的横向互补、纵向优化等功能，提高能源效率、降低能源成本，对于分布式能源项目在咨询与可研、规划与设计、投资与融资、评估与交易等多个方面的业务都将起到重大的战略支撑作用；在运营阶段提供控制系统与运维平台，依托物联网、大数据等先进技术，对用能侧负荷进行综合优化，结合分布式能源站，既可以提升能源综合利用效率，又可以提高用户精细化管理水平，降低用户运营成本。

# 第7章 5G与6G

5G作为新一代信息通信技术的代表，已经行至"应用大爆发"的关键阶段，千行百业正在与5G发生着深度融合，并将加速推动生产、生活方式发生深刻变革，引领产业智能化、绿色化、融合化发展。但在能源电力产业、交通产业和工业互联网等的应用需要进一步拓展。在产业应用过程中必将促进通信技术的进一步迭代、升级并加速通信技术、产业和政策的快速发展。

## 7.1 5G深拓应用

每一代移动通信系统都以满足社会需求和经济效益为目标，每一代的新功能也增强了上一代的功能，5G也不例外。前四代支持人与人之间的连接，在此基础上，5G在物与物之间的连接方面迈出了一大步。物联网是5G最具变革性的能力，也是它与前几代通信系统的巨大区别。因此，5G可以被认为是一种支持"通信与自动化"的网络技术。5G是互联网之后第一个支持不同质量需求的业务混合承载的网络技术，但在设计机制的形式上与互联网又有重要区别，其通过网络切片和强大的安全性，端到端地管理每一个切片业务的服务质量，并通过其独特的服务化架构提供了巨大的灵活性。5G为自动化提供的独特性能是"有保证和可靠的低时延"以及可以支持"海量机器连接"的能力。低时延和高可靠性的连接使时间和关键业务的自动化成为可能。可以从5G自动化中获得巨大收益的一些行业包括：农业、制造业、能源、医疗、车联网、教育、金融服务等行业。

图7-1为重点领域5G应用规模化发展调色板，通过对制造业、能源、医疗、文旅、教育等重点领域进行供给侧、需求侧和发展环境关键要素分析，得出重点领域5G应用规模化发展调色板，色块颜色越深代表具备该关键要素程度越高。从需求侧来看，能源领域色块颜色很深，表示出了非常高的需求程度；供给侧色块颜色处于中高水平，表示了能源领域5G具有一定的优势，但在应用共性解决方案等方面还需要努力；发展环境中，5G应用支持政策环境色块颜色深，表示了发展的决心，行业推广扩散渠道处于中高水平，表示了能源有自己进行技术推广的优势，但是在5G应用模式、应用标准化上要积极推动深入的研究与发展。

图7-2为重点行业5G应用发展四象限图。图中将各行业划分为4类：先导行业、潜力行业、待挖掘行业和待培育行业。其中先导行业5G驱动数字化转型的程度较高，行业业务对5G的需求已经相对明确，行业数字化转型取得一定成效，5G应用场景可向其他领域规模复制推广，引领其他行业发展。可以看出，智慧电力处在先导行业之中。

| 规模化关键要素 | | 制造业 | 能源 | 医疗 | 文旅 | 教育 | 车联网 | 农业 | | |
|---|---|---|---|---|---|---|---|---|---|---|
| 需求侧 | 场景需求清晰 | | | | | | | | | |
| | 行业自身数字化水平 | | | | | | | | | |
| | 应用成效可见度 | | | | | | | | | |
| | 新技术接受度 | | | | | | | | | |
| | 核心企业活跃度 | | | | | | | | | |
| 供给侧 | 5G技术相对优势 | | | | | | | | 1 | |
| | 5G产业支撑水平 | | | | | | | | 2 | |
| | 应用成本匹配度 | | | | | | | | 3 | |
| | 应用配套产业水平 | | | | | | | | 4 | |
| | 应用共性解决方案成熟度 | | | | | | | | 5 | |
| 发展环境 | 5G应用商业模式清晰度 | | | | | | | | 6 | |
| | 5G应用支持政策环境 | | | | | | | | 7 | |
| | 行业推广扩散渠道 | | | | | | | | 8 | |
| | 5G应用标准化环境 | | | | | | | | 9 | |

图 7-1 重点领域 5G 应用规模化发展调色板

（来源：中国信通院）

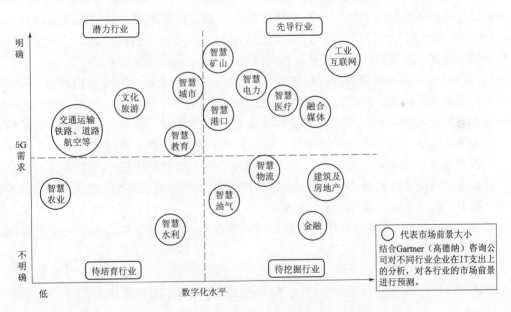

图 7-2 重点行业 5G 应用发展四象限图

（来源：中国信通院）

对照 5G 应用整体发展规律，目前我国发展迅速的先导行业，如工业制造、电力、医疗等行业已步入开发或成长阶段，5G 应用产品和解决方案不断与各行业进行适配磨合和商业探索。文化旅游、交通运输等有潜力的行业的发展紧随其后,正在探寻行业用户需求,明确应用场景,开发产品并形成解决方案,进行场景适配。当前,大部分行业处于起步阶段。待培育、待挖掘的行业如教育、农业、水利等行业,正在积极进行技术验证,逐步向起步阶段发展。

随着 5G 与千行百业应用融合的不断深入,重点行业和典型应用场景逐步明确。然而,5G 应用到规模化发展还存在一定差距,在网络建设、应用融合深度、产业供给、行业融合生态等方面仍面临突出问题和困难。在 5G 应用的过程中,如何实现能力和需求的有效匹配,实现 5G+垂直行业赋能有效落地及规模化推广,成为各界关注的重点,也成为信息通信行业希望加快破解的难点。5G 与行业的融合是一个渐进的过程,需要遵循从试点示范到规模推广,再到大规模应用的规律,其中必然经历各种困难的考验,应充分认识5G 应用发展的复杂性和艰巨性并为之努力、开拓并做出贡献。

实际上,在探索 5G 的同时,6G 的研究也在如火如荼地进行。专家对 6G 评价时这样说:随着人工智能、大数据、新型材料、脑机交互和情感认知等学科的发展,6G 将实现从真实世界到虚拟世界的延拓,信息交互的对象将从 5G 的"人-机-物"拓展至 6G 的"人-机-物-灵"。这里定义的"灵"具备智能意识,将对感觉、直觉、情感、意念、理性、感性、探索、学习、合作等活动进行表征、扩展、混合甚至编译,为用户的认知发展形成互助互学的意象表达与交互环境,促进人工智慧与人类智慧的和谐共生,这就是万物智联。

6G 技术的发展对算力资源与时延问题提出更高的要求。支撑的算法将实现"通感算"融合,通感算是指通信、感知和计算功能融合在一起,使得未来的通信系统同时具有这3 个功能。在无线信道传输信息的同时,通过主动认识并分析信道的特性,从而感知周围环境的物理特征,实现通信与感知功能相互增强。

5G 至 6G 时代的到来使得通信频谱迈向了毫米波、太赫兹,未来通信的频谱会与传统的感知频谱重合,这就需要研究新技术探讨二者融合,通感一体化可以实现通信与感知资源的联合调度。此外,未来网络将融合数字世界和物理世界,不再是单纯的通信传输通道,也能感知万物,从而实现万物智能,成为传感器和机器学习的网络。数据中心是头脑,机器学习遍布全网,对通信进行网络优化及管理,通信网络能够自生、自治、自演进、自适应。网络需要承载原生 AI,必然需要数据来支撑,通信感知一体化为 AI 服务提供基本数据,组成通感算融合一体化的网络。

立足当下,做好 5G 规模应用,着眼未来,做好向 6G 不断演进,人类社会将迈向万物智联及万智互联。

## 7.2　中国 6G 技术研发布局

ITU 2021 年、"十四五"规划纲要、《"十四五"信息通信行业发展规划》《"十四五"国家信息化规划》等均提出要布局 6G 技术研发。2022 年,国务院出台《"十四五"数字经济发展规划》,提出前瞻布局 6G 网络技术储备,加大 6G 技术研发支持力度,积极参与推动 6G 国际标准化工作。我国早在 2019 年就建立了完善的 6G 推进组织,由工业和信息化部牵头成立中国 IMT-2030（6G）推进组，为产业界、研究机构、基础运营商等搭建产学研用平台，加强国际合作交流和技术研发；由科学技术部会同有关部门成立了国家6G 技术研发推进工作组、国家 6G 技术研发总体专家组。2022 年 11 月，我国研发的 6G试验卫星顺利发射升空，进入预定轨道。2023 年 4 月，我国完成了国内太赫兹轨道角动量的实时无线传输通信实验，这一成果被认为是我国 6G 通信技术发展的重要保障和支撑，为未来高速数据传输提供了巨大的可能性。

随着我国 5G 规模化商用快速推进，基于 5G 技术储备和产业推进的先进经验，我国在 6G 性能指标、网络架构、关键技术及标准化、应用场景示范等方面开展布局具备一定优势，为开展 6G 布局奠定了良好的基础。与此同时，西方发达国家也致力于通过 6G 前瞻布局和技术储备重新掌握网络通信的国际话语权。展望 6G 时代，我国将面临比 5G 时代更为激烈的竞争。

从产业界层面看，我国电信运营商、主流设备商，及产业链相关企业也紧跟国家发展布局，积极探索 6G 愿景的需求、潜在技术方向、应用场景，通过组建研发团队、开展技术交流、搭建产业合作平台、参与国际组织研究项目等方式，推动 6G 关键技术、标准研究、技术测试、实验验证等。

从全球 6G 专利排行方面看，我国 6G 专利占比延续 5G 以来的全球领先优势。根据2021 年 4 月发布的《6G 通信技术专利发展状况报告》，我国 6G 技术的专利申请量已经达到 3.8 万项，相关技术专利占全球 6G 技术的比重达到 35%，位居全球第一。同时，根据别国权威研究机构的数据，我国同样以 40.3% 的 6G 专利申请量高居榜首，美国以 35.2%的占比紧随其后，日本以 9.9% 排名第三，之后是欧洲的 8.9% 和韩国的 4.2%。

## 7.3　未来 6G 发展挑战与策略

未来 3～5 年是 6G 研发与标准化的关键窗口期。目前，全球 6G 竞赛已全面拉开帷幕，牢牢抓住关键窗口期非常重要，需出台各种 6G 规划、研发方案和专项政策，加速实现 6G 突破性发展。6G 关键核心技术有待突破。我国移动通信产业必要支撑环节的部分基础核心技术需要进一步开展技术攻关，如：毫米波/太赫兹通信、空天地融合移动通信、通感一体等，特别是在前沿基础性技术方面有待加强。卫星互联网建设相对迟滞。未来，6G 是空地融合通信的时代，卫星互联网作为空地通信的重要手段之一，将是 6G 重要的组成部分。

完善顶层设计和协调机制。一是将 6G 上升为国家战略，适时出台 6G 发展的顶层设计，充分发挥新型举国体制优势和超大规模市场优势，巩固提升我国移动通信产业的国际领先地位。二是充分发挥好 IMT-2030（6G）推进组的基础平台作用，借鉴 IMT-2020（5G）推进组的成功经验，丰富下设工作组的类别及工作任务，在聚合产学研用力量、推动 6G 技术研究、开展国际交流与合作等方面做出更大贡献。三是部门联合开展 6G 与垂直行业试点示范，着眼丰富 6G 技术在重点行业的应用场景，征集并遴选一批骨干单位协同攻关，重点形成一批技术先进、性能优越、效果明显的 6G 标志性应用，为 6G 与垂直行业的融合创新发展树立标杆和方向。图 7 - 3 为 6G 的典型应用场景和能力指标。

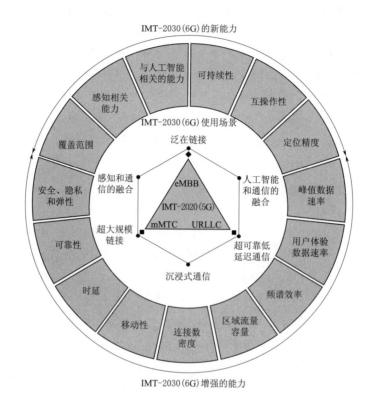

图 7 - 3　6G 的典型应用场景和能力指标

　　强化产业发展的频谱支撑。一是积极开展未来网络频谱需求研究，做好产业发展的先导性频谱资源储备和释放。二是尽快明确 6G 研发试验用频谱，积极推进 6GHz、毫米波、太赫兹等候选频段用于 6G 的研究和试验工作，完善"低-中-高"频谱资源联合组网模式。三是加强卫星频率轨道资源申报和储备，建立健全频率协调机制，鼓励民营企业利用多种手段提前进行资源申报及储备，积极推进卫星通信/卫星互联网与 6G 结合，加快构建天地一体化立体融合网络。

　　加快技术创新和产业培育。一是支持开展潜在关键技术、应用场景的前瞻研究和应用试验，突破基础理论以及"从 0 到 1"的原始技术创新和应用。二是聚焦关键核心技术，加快攻关突破。可通过揭榜挂帅、科技创新基金等创新机制，引导企业加快技术攻关。三是增强产业基础支撑能力。持续推动芯片、关键元器件、软件、仪器仪表、模组等研发及应用，全面提升 6G 产业基础能力。四是借鉴我国 5G 产业发展的成功经验，充分利用 5G 产业链的基础设施和资源，整合移动通信领域产学研用力量，以商用需求为牵引，带动上下游产业链形成 6G 产业发展合力，推动 6G 产业链协同发展。

　　加大国际规则制定的参与力度。一是加大国际规则制定的参与力度，旗帜鲜明地表达推动全球 6G 统一标准的主张，争取主导和广泛参与 ITU、3GPP 等国际组织与 6G 标准化相关的工作，产学研界要在国际标准化组织中围绕 6G 安全议题输送高质量的研究成果，为我国 6G 技术和标准推广铺平道路。二是以更开放的姿态加强交流合作，借助国际合作机制，助推我国与全球各区域国家在 6G 产业生态发展方面达成有效共识。牵头发起成立跨国 6G 行业联盟，构建开放联合、公平透明的 6G 产业生态。

现在是 5G 取得初步成功、迈向成熟发展的关键年代，全球各地的 5G 发展正在稳步前进，5G 已经成为历史上商用规模发展最快的移动通信技术。脚踏实地进行 5G 技术规模化应用，积极面向深度融合的 6G 演进，推动垂直行业全面数字化、智能化转型，为此各行各业正在不断地进步并为其作出贡献。

# 参 考 文 献

［1］ 肖中湘，王敏娜 . 迈向碳中和［M］. 杭州：浙江大学出版社，2022.

［2］ 徐忠，曹媛媛 . 低碳转型［M］. 北京：中信出版集团，2022.

［3］ 吕志坚，申红艳，等 . 国际科技动态跟踪——能源环境与低碳经济［M］. 北京：清华大学出版社，2014.

［4］ John Doerr. 速度与规模 碳中和的行动指南［M］. 北京：中信出版集团，2022.

［5］ 杨波，王元杰，周亚宁 . 大话通信［M］. 北京：人民邮电出版社，2022.

［6］ 小火车，好多鱼 . 大话 5G［M］. 北京：电子工业出版社，2021.

［7］ 施晨阳 . 5G 商用［M］. 北京：化学工业出版社，2022.

［8］ 饶亮 . 深入浅出 5G 核心网技术［M］. 北京：电子工业出版社，2022.

［9］ 啜钢，王文博，王晓湘，等 . 移动通信原理与系统［M］. 北京：北京邮电大学出版社，2022.

［10］ 沈娜，等 . 太阳能光伏电站参数联合优化及应用［J］. 新能源进展，2017，5（6）：478 - 483.

［11］ 权欣 . 热管抑制煤自燃联合温差发电的实验研究［D］. 西安：西安科技大学，2021.

［12］ 林涛 . 半导体温差发电系统及其性能研究［D］. 广州：广东工业大学，2016.

［13］ Tao Lin, Fenqin Han, Jiongtong Huang. Enhancement performance of thermoelectric generators with superconducting substrates［C］. Xining：ICPET2022，2022.

［14］ Stephen F Bush. 智能电网通信使电网智能化成为可能［M］. 北京：机械工业出版社，2019.

［15］ 艾芊，郑志宇 . 分布式发电与智能电网［M］. 上海：上海交通大学出版社，2013.

［16］ 李建林，修晓青，惠东，等 . 储能系统关键技术及其在微网中的应用［M］. 北京：中国电力出版社，2021.

［17］ 林涛，韦国锐 . 热电转换技术与智能物联［M］. 北京：中国水利水电出版社，2021.

［18］ 王丽晓 . 基于个体为本建模的综合能源系统运行优化与动态分析［D］. 广州：华南理工大学，2019.

［19］ 徐志强 . 5G 的世界智慧交通［M］. 广州：广东科技出版社，2020.

［20］ 冯庆东 . 能源互联网与智慧能源［M］. 北京：机械工业出版社，2022.

［21］ 任伟巍 . 中国 6G 市场发展趋势前瞻［J］. 中国工业和信息化，2023（7）：26 - 30.

［22］ 周钰哲，滕学强，彭璐 . 6G 全球最新进展及启示［J］. 中国工业和信息化，2023（7）：14 - 19.

［23］ 孙鹏飞 . 5G［6G］［M］. 北京：人民邮电出版社，2022.

［24］ 韦国锐，陈立栋，于秋思，等 . 跨 DC 的虚拟化核心网容灾体系研究［J］. 邮电设计技术，2019（9）：78 - 81.

［25］ 韦国锐，霍晓歌 . 5G 时代虚拟化核心网组网架构演进［J］. 移动通信，2018，42（12）：37 - 41.

［26］ 张晨，韦国锐 . 移动通信 4G/5G 互操作中的配置研究与优化［J］. 通信技术，2021（4），54（4）：1015 - 1020.